U0901816

幸福的能力

如何获得内心稳稳的幸福

鹿雯立 / 著

THE ABILITY OF HAPPINESS

中国 · 武汉

图书在版编目(CIP)数据

幸福的能力：如何获得内心稳稳的幸福 / 鹿雯立著. —武汉：华中科技大学出版社，2017.8
ISBN 978-7-5680-3165-3

Ⅰ. ①幸… Ⅱ. ①鹿… Ⅲ. ①幸福–通俗读物 Ⅳ. ①B82-49

中国版本图书馆CIP数据核字（2017）第170352号

幸福的能力：如何获得内心稳稳的幸福
Xingfu de Nengli: Ruhe Huode Neixin Wenwen de Xingfu

鹿雯立　著

策划编辑：亢博剑　娄志敏
责任编辑：沈敏苏
责任校对：张会军
封面设计：三形三色 QQ：2278149987
责任监印：朱　玢
出版发行：华中科技大学出版社（中国·武汉）　电话：（027）81321913
武汉市东湖新技术开发区华工科技园　邮编：430223
印　　刷：中华商务联合印刷（广东）有限公司
开　　本：880mm × 1230mm　1/16
印　　张：16
字　　数：200千字
版　　次：2017年11月第1版第2次印刷
定　　价：45.00元

本书若有印装质量问题，请向出版社营销中心调换
全国免费服务热线：400-6679-118　竭诚为您服务

序

幸福像花儿绽放

幸福是每个人心里开出的一朵花，花儿在绽放时，幸福隐藏在花儿的气味里。绽放是因为我们理解了生命，接纳了自己，爱上了自己，从而营造出了自己的幸福模样。

有人把这写成一本书，有人画出一幅画，有人用一首诗来表达，去影响更多人。

我站在墨西哥的玛雅博物馆里，感受到祖先的文化一代代传递到我们的生命里；在泰国皮皮岛，看到夕阳照亮海际的橙光，感受到天有大美而不言的感动；在巴厘岛，坐在佛菩萨的面前，虔诚地听她讲我的前世今生，感受到我一直在重生，从来不曾离开过；在土耳其安塔利亚的街道上，闻到洁白橙花的芬芳，感受花儿在告诉我幸福的秘密，我感受到——原来行走就是幸福。

把心里的感受写成文章，当读者与我分享被文字感动时；用手指把油彩一点点描绘成一幅画，在画里看见另一个自己时；把各种精油滴在粉色的瓶子里，调出大自然的气息时；把各种颜色的花朵插进花瓶里，房间开始变得浪漫时；带着花香冥想，声波飞到倾听者那里时，我感受到——原来创造就是幸福。

离开理念不同的合作伙伴，尊重对方也尊重自己；和一段感情说再见，放下对方找回自己；扔掉不用的物品，空间有了自己的位置；放下一座城搬到另一座城，迎接新的挑战和体验未知的奥秘；放下一直紧追不放的情绪，看清那是自我的游戏时，我感受到——原来幸福是去结束和重新开始。

洗碗时，手指温柔地滑过碗口；扫地时，扫帚划过地面；买菜时，拿起一把菠菜；洗脸时，水一点点打湿了面颊；静坐时，感受着呼吸的一起一伏；散步时，看见路边的花儿和树叶摇曳的身姿；认识了一个人，发现对方和自己有着同频共振的相知；听美妙的音乐和看演员精彩的表演；买了一件实惠又超好看的衣服；倒一杯茶，切上一个甜橙；读一本分享生命的书，我感受到——原来幸福是劳作、欣赏和享受时，看见时光滑进生活的气息里。

平等是幸福的来源，洗碗和写文章一样重要，买菜和商谈项目是一样的，交水电费和赚钱是孪生姐妹，悲伤和焦虑都是幸福，因为那一刻我们看见了心之向往。爱和被爱都是幸福的，生命就是这样流动着。用心感觉生命，感受微小和伟大、光明和黑暗、阳性和阴性、顺境和逆境，感受生命给你的每一个瞬间，就是在感受幸福。

在这个富足的时代，我们都是幸福的，我们缺少的是感受幸福的能力。我们需要改变扭曲的幸福观点：以为达到了一个目标，实现了一个梦想，得到了自己想要的，才能真正幸福。但真相却是，幸福隐藏在这些达成的过程里。

这些幸福体验是从我和鹿雯立老师一起合作幸福教练的项目中发展出来的，经由这个过程我们有了享受幸福的能力。鹿老师是研究幸福、实践幸福和分享幸福的专家，她在书里分享了获得幸福的方法，让幸福瞬间从心底开花。她给学员分享的幸福课让学员改变了对幸福的固有观点，提升了感受幸福的能力。因为有了鹿雯立老师分享的获得幸福的方法，幸福有了更多的模样。阅读这本书时，请敞开心感受幸福吧！

魏相相 Pearl Wei

花香能量疗法创始人、英国芳香情绪治疗师、

张德芬空间签约作者

前言

会幸福是一种能力

世界上有两种人，第一种人有态度、有观点、有感觉，而第二种人则是有目标、有方法、有行动。

这本书的内容就是帮助和支持更多的朋友从第一种人升级为第二种人，从一个凭感觉偶遇幸福的人升级为凭能力把握幸福的人。

幸福是一种能力，幸福一定有方法，这是我的信念。我与魏相相老师在上海创立了幸福教练联盟，致力于将幸福教练的技术传递给更多的人，我们乐此不疲地演讲、写作。很感谢20年来的新闻宣传工作磨炼出了我的三种技能：坐下来能写，站起来能讲，走出门能办事。幸福的感觉有时像一股心流，它会来，也会离开。如果我们把它记下来，说出来，它会凝固下来，且会放大很多倍，这些都是小小的能力。

总结、整理、提炼、践行和传播，于是有了幸福教练课程体系。很开心，我们在做热爱的、助人的、有意义的事。

我不仅是一个讲幸福、写幸福的人，更是一个活出幸福的人。我只分享做到的，这也是身为幸福教练的底气所在。

曾有人问我：“你已经到达一座山的顶峰，当你看到半山腰有人很痛苦，他/她纠结：快没有力气了，再往上攀登太累，退回去又不甘心。你会笑话这样的人吗？”听到这话，我的眼泪都快涌出来了，我凭什么笑话他/她，我只会心疼。因为我就是这样煎熬过来的。

幸福是一种能力，很多时候它是穿越痛苦的能力。只有经历过内心的纠结、挣扎、煎熬，方能体会个中滋味。我要向自己曾经经历过的苦难说声抱歉，因为我终究是幸福了。我想告诉更多的人：“会幸福是一种能力，每个人都可以学习。”

电影《奇异博士》讲述了一个优秀的神经外科医生意外受伤后如何重新找到内在力量的故事。在他最落魄时，向法师要答案：“求你教教我！”法师问了他一个问题：“你是如何成为一个出色的神经外科医生的？”他回答：“不断学习与实践。”

这就是真正的答案！

如何获得真正的幸福？学习并实践，就这么简单。

学什么？我将成熟的幸福教练培训内容全部收录到本书中，或许这样会帮到更多的人。有学员问：“你怎么敢这样和盘托出？你不怕别人超过你吗？”

在幸福里，是没有恐惧的。因为内在丰盛，因为你还有，所以敢给出去；因为从未停止过学习与成长，所以不怕被超越。如果有人因为这本书的一个理念、一句话而让生命变得更好，那最幸福的人是我。

常常有学员反馈：“您的一句话，改变了我的人生状态。”我很好奇："我说了什么？"听到不同的回答后，我的第一反应常常是："这话说得真好，是我说的吗？"下一秒就会微笑："哦，的确是我说的！"实际上，是对面这个人本身很美好，才让我在那个当下对他/她说出那么美好的话语，并深深鼓舞了他/她。

最好的幸福，是帮助他人变得美好。当我有了这种能力时，特别愿意将它分享出去。我相信"爱出者爱返，福往者福来"。

一路走来，我对自己最满意的是，做到了学习生活化，生活学习化，无时无刻不在学习。这个快速发展的时代会悄悄惩罚不学习的人。每天我都带着觉知生活，随时收集生活中的鲜活故事，并整理成案例，学员对我的培训课程的评价是：接地气，实用，有干货。

曾经我是一个非常感性的散文作家，一个多愁善感的小女人。因为学习，我成长为一个心里有大爱、有更宽阔视野的大能量女人。这一切都是学习带来的，学习是对生命应尽的礼仪。生活就是这样，需要绚丽的烟花带给我们美好的感受，同时也需要生活的烟火带给我们真实的幸福。

曾经的我，不甘心一眼能望到头的生活，不知自己未来在何方。现在的我终于活成了自己想成为的样子，活出了幸福的状态。一路走来，别人看到了光鲜亮丽，唯有我清楚自己掉过多少坑，受过多少伤，流过多少泪。但我坚信：这一生一定要幸福，幸福给自己看。

有一次我在火车上发朋友圈，学员小琳惊喜地发现我们在同一辆列车上。她带着小伙伴来见我，兴奋地说："能见到鹿老师，多么不容易啊！"过去她对未来很迷茫，好像什么都不顺，而眼前的她是个快乐的准新娘，与未婚夫相亲相爱，事业上也不断力求上进。我们在火车上聊了许久，分别时她对小伙伴说：“跟鹿老师在一起真幸福，能多待一分钟是一分钟，我们是多么幸运的人哪！”

其实她的话也深深鼓舞了我。我们每一个人都可能对另一个生命产生幸福的影响力。

幸福，它就在那里。你要毫无理由地相信：一定会找到它，它是属于你的。或许这本书的内容可以作为读者寻找幸福的地图，但幸福的彼岸需要用自己的双脚抵达。

幸福是一种能力，需要学习，更需要践行。我是幸福专家，关于做到的秘密，我已和盘托出，请你伸手接住它，去学习，去践行。

祝愿每一个人都能拥有获得幸福的能力！

鹿雯立

2017年7月21日

目录

Contents

Chapter 03
让幸福来敲门的方法

Chapter 04
幸福的六种情境

Chapter 05
现在开始规划幸福

Chapter 06
心态对了，幸福就对了

Chapter 07

最好的幸福“说”出来

做幸福的生活家

案例篇

Chapter 01

爱自己是幸福的开始

1. 活出幸福的模样

“你幸福吗？”发问者一脸认真与期待的神情，让人强烈感受到她当下的迷茫及对幸福的渴望。

我认真问自己：“你幸福吗？”答案是如此肯定。我微笑看着她，把手伸给她，她紧紧地握住，就像攥住了幸福一样。

作为幸福教练，我擅长倾听和鼓励。这世上需要帮助的人很多，我愿意做一个助人者。

问自己的过程让我更清晰地觉察到，幸福很大程度上源于家庭，这是生命最有力的支持系统——伴侣的支持，可爱的孩子，父母的欣赏，亲人的认同。从幸福家庭走出来的人，会让人感到安宁，同时又不失内在的力量。这就是我的当下。

我的未来呢？我做的是自己喜欢的、擅长的工作，在这一过程中可以充分发挥天赋，我的未来充满希望。

我再次确定，我是幸福的。幸福教练不仅是在讲台上讲幸福的人，更是在生活中活出幸福的人。人人都可以成为自己的幸福教练，活出自己想要的模样，拥有稳稳的幸福。

我必须承认，在寻找幸福的征途上，我经历了很多痛苦，有时在几近崩溃的边缘，所以我特别理解那些寻找幸福和快乐的人。现在很多心理课程的一个重要内容是寻找“我是谁”。“我”字少了一撇，就成了“找”，找什么？找幸福和快乐。

我很幸运遇到我生命中的导师，她说：“心理学是关于幸福的科学。”于是我放弃原有平稳的工作，钻研心理学，并在学习过程中遇到了很多美好的人和事，最终成为一名幸福教练。这是天意吧，这是老天给真心寻找幸福的人的礼物。我很确定自己下半生的工作是做一名幸福教练。因为幸福是需要学习、总结、整理和传播的。

我曾与一位电视编导讲一个好朋友的故事。朋友是一位老师，特别热爱讲台，爱学生，是那种立志终身当老师的人，他常在自己的课堂上被自己感动。这个故事我讲得热泪盈眶，编导被我的讲述深深吸引：“你说的这个人一定是个幸福的人。”

是的，只有幸福快乐的老师才会教出幸福快乐的学生。只有自己是幸福的人，才会有幸福的家庭和生活。我们不必苦苦地寻找幸福，幸福需要提醒，需要感知，需要沉淀。

身为女人，我深感幸福与女人关系重大。因为女人更在意感觉，更渴望幸福。

什么是优雅的女人？就是从来不会气急败坏，任何时候都气定神闲的女人。

我们的身边常有让人觉得舒服的人，和她在一起就很开心；也总有一些人让人感觉到压力，想离她远远的。负能量的人会让自己失去很多机会。

我的一个朋友说起她很反感一个同事，不是因为与对方有过节，而是因为那人整天唉声叹气，愁眉苦脸。时常听她“唉”的一声，像个抱怨鬼。跟她出差，早上睁开眼就听她说昨晚做了个噩梦，跟这样的人在一起非常可怕。

不幸福的人身上的能量是很低的，而且会在不知不觉中拉低周围人的能量，让人陷入消极的情绪中。

当我们有觉察的时候，就知道什么时候该给自己穿上一件“隔离服”了。先保护好自己，再去营救他人。

受害者的心里往往觉得自己是被亏欠的，内心委屈。幸福者的心态则会觉得自己得到了太多，经常感激。**一个人的心态决定了他/她的姿态，姿态显示了他/她的状态。有好的状态，想不幸福都难。幸福的人有个标志：脸上总挂着笑容。**

人的一生太短，不能灰头土脸地活，要活得漂亮，要活出幸福的模样，这是最起码的人生态度。

2. 爱自己是幸福的开始

往往一些看起来得意洋洋的人，内在并不像其所展示的那样光彩鲜艳。一个人有多骄傲，就有多脆弱。

在某些场合，我常常遇到身家数亿的企业家完全放下自己的身份失声痛哭：“我不够好，我不配幸福！”外表坚强，内心脆弱的人不在少数。

很多人都说足够爱自己，健身、美容、舍得花钱买华服……在这些光鲜亮丽的门面下，常常存在着一个“我不够好”的认识。我自己也有这样的经历。

在我的成长经历中，一直对自己的身体表现力极不自信。上大学时跳交谊舞，曾被舞伴中途抛弃。我的四肢不够修长，一点也不柔软，以至于后来我根本不敢跳舞。

一个偶然的机会，我参加了西班牙兹维卡老师的舞蹈疗愈课程。那是个精品小班，学员中有很多“海归”，还有几位专业舞蹈老师。上了两天课，每天都有同学分享收获与感受，可我真没有什么感觉。反而有些困，想挨墙靠一靠。心里有点后悔，为什么来上这样的课。

导师注意到我的沉默，便问："你为什么不分享？"

"没什么可分享的。"我说。

"你喜欢跳舞吗？"他再问。

"我的身体很僵硬。"

"你没有正面回答我。"他追问。

"我没有节奏感。我可以用语言、文字很好地表达自己的内心，但用身体不行。我欣赏那些用肢体或绘画表达内心的人。"

"你还是没回答我是否喜欢跳舞。"他说。

"跳舞不是我的强项。"我回避。

"喜欢吗？"

"还行。"

"我们来听一段音乐吧，钢琴还是小提琴？"他指着音响问。

"小提琴吧。"我想起了"心弦"两个字，就回答他。

他从地板上起身往音响的位置走去。

"你不是让我当众跳舞吧？"

"是的。"他回答。

门德尔松的小提琴与钢琴奏鸣曲响起，我只好跳了！

周围一圈人看我跳舞，还有专业舞蹈老师。跳到最后我停下来，任人评判。

"这叫不会跳舞？！"有同学这样感叹，"谁说你的节奏不好，身体不协调？你的舞蹈很动人！非常协调，很有节奏。"听到这话，我只想问一句："真的假的？"

“我是专业编舞老师，如果你跳得不好，我的目光不会停留三秒，而我却被你吸引了！简单却有灵魂，有些动作编舞老师想都想不出来……”

真的吗？我的眼泪决堤般奔涌而出，原来我还可以用肢体语言表达自己。其实一直以来是我自己想得太多，当我与音乐融为一体时，一切都自然而然。

这是一次开启，我终于接受了自己。身体是潜意识的一部分，身体的自由舞动疗愈了伤痛。原来，我已经足够完整、美好，原来一切限制都源于我自己。

外表的风光是做给别人看的，内在的软弱只有自己知道。

如果我们觉得自己不够好，就不会接纳自己。不接纳自己，就会暗自跟自己较劲，不得安宁，当遇到困境和挑战时，就难以获得足够的支持。爱自己吗？检验标准就是一个人是否感到无聊，能否享受跟自己在一起的美妙时光。

相信自己是完整的。一个不爱自己的人，没有能力去爱别人。自己不够明亮，就无法吸引幸福的人和事来到自己身边。

全然地爱自己，接纳不完美的自己，就是幸福的起点。

3. 每个人心里都有一个幸福过滤器

这世上最远的距离是知道与做到的距离，最近的是自己与幸福的距离。

有一次无意中拿到一个笔记本，上面写着“幸福的N个瞬间”，于是和朋友们聊起自己的小幸福。

“我的插花作品有人欣赏时最幸福。”

“每天回家看到小女儿，把她举得高高时最幸福。”

“我和好友去生意火爆的美味路边摊，每次总有位置的时候是最幸福的。”

“我自己种的菜长出嫩芽时是幸福的。”

“我和老爸在阳台看夕阳，一边喝酒吃卤菜，一边听他数落我妈的不是时，感受父母健在很幸福。”

“图书展上看到我的书在书架上时我就感觉最幸福。”

……

朋友曾问我：“你知道我为什么喜欢你吗？”我说：“因为我特别爱学习，爱分享。”她说：“不是，是因为你飞翔的姿势特别美。”

每次外出学习或讲学，脚步轻盈地拖着拉杆箱穿梭在各大机场，看到玻璃窗里自己精力充沛的样子，内心很充实很幸福。很多人不喜欢飞机起飞时的感觉，偏偏那是我的最爱。很享受那一刻：我又飞了，我有一双翅膀。也有人说："你很辛苦，整天飞来飞去的。"却不知我乐此不疲，那是我最幸福的时候。

幸福源于关注，你关注它，就会感受到它的存在。

那天我注意到自己手中几本书和杂志的标题——"9道门，引你奔向幸福""多元成功是一种幸福""幸福的神话""真实的幸福""幸福想你了"……因为关注，我看到的都是幸福。因为学习，因为人生经验，我懂得欣赏，又不盲从，因此清醒地知道自己的幸福在哪里。

每个人心里都有一个过滤器，它决定我们感知到什么样的现实。

你是否允许自己是个幸福的人？

三位泥瓦匠同样在砌砖：一位泥瓦匠认为自己只是在干活挣钱，唉声叹气；另一位泥瓦匠清晰地知道最终建筑物的样子，是高楼或是宫殿抑或是教堂，他认真做事；第三位泥瓦匠快乐地说："我在创造一个地方，人们在那里可以感受到自己的存在和完整。"他满怀喜悦地做事，他的关注没有在干活挣钱上，甚至不仅是为自己，而是为了更多人更好的将来。

三位泥瓦匠的工具是一样的，手中的砖也是一样的，不同的是他们心中的过滤器不同，于是看到的、想到的、体验到的都不一样。

没有人限制我们获得幸福，真正限制我们的是心里的过滤器。幸福与否，是自己决定的。

我的一位朋友，7岁时被发现患有营养性肌肉无力（俗称肌肉癌），生命的极限是18岁。可他坚持在轮椅上学习绘画，并小有成就。他和母亲最常说的话是：我们很幸福。他们从没感觉自己多么不幸，反而视它为平常。他们关注的是自己得到了多少温暖、支持和爱，在他家40平方米的小屋里总是充满阳光。

不是人生在那里，你就要那么活，而是要和生活一起创造不同的精彩。

4. 你需要一面镜子，看清自己

开年首场公众演说工作坊完美收官，自称烘焙爱好者的学员小龙赞助了我们茶歇的所有甜点，每一款都是她亲手制作的。大家喜欢吃，她也很开心。当晚课后小龙亲自为我们设计并制作甜点，直到凌晨两点，才完成了我布置的工作坊家庭作业。第二天，她脸色有些憔悴，但看得出来心情很好。

朋友多次说起小龙的故事：她喜欢做烘焙，每次做好了送给朋友吃，朋友说："太好吃了！"她总会说："真的吗？"她没有系统学过烘焙，所有的甜品、饼干、中式点心都是自学的。她好像总是不确信自己的作品有那么好。

我特别理解她，就像我当初被教练逼着当众跳舞，当我跳完后，周围的人都说："你居然说自己不会跳舞？"我当时就一个想法：真的假的？我有你们说的那么好吗？

没有镜子，是看不见自己的。我们的人生何尝不是如此，我们不知道自己的优势与天赋，不知道自己该选择坚持还是放弃。学习是个好办法，让你缩短黑暗中的摸索时间和焦虑，尽快找到到达目标的合适路径。

你需要一面镜子，看清自己。这面镜子可以是别人的反馈，也可以源自于自己的发现，比如“自我观察日记”。日记最大的功能是记录，当然它也是一种很好的自我对话。

你的人生是你设计出来的，优秀的自我设计者懂得细心观察，研究自己、理解自己。自我观察有以下两个指标。

（1）专注

著名天使投资人李笑来说我们每个人最大的财富是注意力，可大部分人都在浪费自己的注意力。我的朋友张清老师专注阅读与写作8年，35岁成为这一领域的专家。

从他身上我深刻体会到什么叫专注，他无比热爱讲台、喜欢孩子，他所做的一切都围绕着“阅读写作”这四个字。学生也喜欢他，用作品与成绩回报专注的老师。

在他身上能看到心流的状态：全情投入、喜悦、安定祥和，他清晰地知道自己该做什么、怎么做。

（2）精力

精力是优势和价值的集合。能挣钱的事不一定让你特别享受，但能得到正向回应的事，会让你精力充沛，再累都心甘情愿。

比如，小龙现在开始做私人定制的甜点并销售。她说同一个配方、同样的流程、不同的手法和温度，出来的产品都不一样，所以她坚持自己动手，且自己包装，并亲自送到客户手上。这一连串的过程对她来说不是浪费时间，而是成就感的延续，是价值，是幸福。

唯有把做的事记录下来，才可能成为自我人生剧本的素材。通过“自我观察日记”，看到每天特别专注、有精力的事件和反面事件，针对当天事件，从专注程度、精力程度两方面评分。每周收集10个以上事件，就可以做分析了。

分享一个称为AEIOU的分析方法。

A（活动）：你在做什么事？有组织或无组织？领导人或“吃瓜群众”？

E（环境）：环境影响我们的心情。活动在什么地方，什么感觉？

I（互动）：对象是人还是机器？陌生或熟悉。

O（物品）：你是否和任何物品互动。比如手机、平板电脑。

U（使用者）：当你做这件事时，身边还有谁？带来了什么体验。

若干年前，我与合作伙伴带病坚持开发课程，她说：“有一天有人会来研究我们的！”我听了很欣喜，那说明我们成功了。可我不知道人家如何研究我们。现在我可以用AEIOU的分析方法研究我自己，而自己才是最值得研究的。

我曾经以为自己最大的优势是说与写。观察日记让我发现自己最大的优点是懂得倾听，懂得共情，体会别人的感受。所以走到哪里，都有很多朋友靠近我。

AEIOU的分析方法，让我们看到更真实完整的自己，知道自己需要什么，想往哪里去。

5. 发现自己，唤醒天赋

很多人知道“短板理论”，其核心点是最短的木板决定桶里能装多少水。我个人认为：对于成人而言，我们不建议他取长补短，而是鼓励他发挥自己的天赋，把天赋发挥到极致。至于那些短板，忽略它，就让它短着吧！

如果一个人一生都在改正缺点，那么，到生命结束时可能都改不完。反之，如果终其一生，随时都在发挥自己的天赋，最终便会脱颖而出成为世人心中的天才。是否发挥自身天赋，这是内在是否有力量的秘密所在。

一个学习成绩并不出色的孩子考上了复旦大学，很多人惊讶于他高考前突飞猛进的变化。后来孩子母亲道出原因，他考的是复旦大学的艺术专业。当别人感叹孩子从高二才开始学画，就考得这么好时，他的老师却很平静地说：“他外公是画家，姑妈是画家，爸爸是摄影师，没有人刻意教他。当有一天他动手勾勒几笔人物速写时，线条的典型特征就出来了，这也许就是天赋吧。”

发挥天赋，事半功倍，且轻松快乐。生活中不乏这样的例子。我有一个同事天生喜欢唱歌，30多岁时，别人认为他没机会唱歌了。但他就是热爱，投入大量的时间去学习，终于有一天，他唱进了《中国梦想秀》。

积极心理学之父马丁·塞利格认为，如果是修补短处，将“-6”改进到“-2”，仍是负的。如果是优势，将生活从“+3”提升到“+8”，就更有意义了。

天赋，是上天给予每个人的最珍贵的礼物。你可以做自己的幸福教练，去发现并唤醒自己沉睡的天赋。

每个人都是独一无二的，有着独有的才能和天赋。总有些地方你比别人更拿手，你的任务就是找到它，最大限度地发挥它。这是属于你的生命宝藏！

天赋，是你天生的长处，是你最大的兴趣所在。

对一技之长保持兴趣很重要，它可能使你改变命运。有人说：“我没资格选择自己喜欢的职业，我现在需要快速挣到真金白银！”抱这种观点的人大多只能挣到生活费而已，因为他忽视了自己的兴趣，目标只在金钱上，以为挣到钱后就会有幸福快乐的生活。事实上，这样只会让他永不停歇地手忙脚乱、疲于奔命。

选择职业同样是这个道理。最不需要考虑的是这个职业能给我们带来多少钱，能否成名。把自己安排在合适的位置上，才能经营精彩的人生。

现实中只有两成的员工觉得自己在职场上做着他们想做的事情。这是美国盖洛普公司总数据库对全球63个国家、101家企业、170多万员工的调查结果。他们针对30年来各行各业的卓越人士进行系统化研究，结果发现，成功人士的卓越表现是源于能够在职场上发挥天赋的能力，而不是后天训练出来的技术专长。日本人才专家大前研一也说过，想做的事就去做，那件事往往是自己最擅长的事情。

生活中很多从事自己喜欢的工作的人，会表现出超乎常人的忘我，这样的人成功和卓越在他们身上都有很好的展现。

其实，只要我们注意观察自己的行为和感受，就可以很快发现自己的天赋。

下面8个问题，可以帮助你找到自己的天赋。给自己一些时间，认真回答下面的问题。

① 哪8件事最能体现你的耐心？

② 哪8件事做得比别人更快更好？

③ 哪8件事可以让你废寝忘食，三天三夜不睡觉都能兴奋？

④ 别人总是称赞你的8件事是什么呢？

⑤ 听到哪8件事最能使你激动，或者最让你感动？

⑥ 5年后，10年后，你在哪8个方面的表现会非常杰出？

⑦ 你绝对不能接受自己在哪8件事上的退步？

⑧ 你认为在你离开这个世界时，人们最可能记得你的8件事。

如果认真回答完上面8个问题，你会惊奇地发现：“原来我的天赋在这里，我一直都不清楚！难怪我做得很累，难怪我郁郁不得志。”很多人答不出上面的问题，或当天不做，放在一边，后来就慢慢忘了，生活还是老样子。我们整天忙于拉车，却不抬头看路。如果放慢脚步，停下来，去发现自己的天赋，唤醒它、绽放它，生活之路就会更轻松、更快乐、更幸福。

幸福的练习1：心理暗示的力量

这是一个简单易行的练习，每天早晚坚持做，生命中会不断出现美好的人和事，想不幸福都难。

这个练习至少要坚持28天。

每天早上醒来后，都对自己说：这是多么美好的一天，充满了爱、感恩和幸福！我爱我自己，我真的很棒，今天一定有好事发生！

每天晚上睡前回想一整天发生在自己身上的好事，带着幸福与感恩的心情记录下来，并通过微信分享给好友。比如，1月2日我写道：每天早上和女儿走在上学的路上多么幸福；感谢王老师和婷婷为我剪辑精华版演讲视频；感谢张清老师对我的鼓励，他是最擅长发现别人优点的人；感谢悦嘉带来高端课程的信息，让我有机会分享给身边的朋友；感谢香曾从泰国为我带来可爱的礼物，爱极了大象图。感谢大家对我的厚爱。

早上起床后积极正向的心理暗示，充满喜悦与好奇地开始新的一天。晚上睡前回放，脑子快速聚焦扫描当天发生的美好事情，用心感恩，当写下来后，又加深了一遍印象。一年365天积累下来，就会觉得自己太幸运！太富有！太幸福！

感恩增强了生活的满意度，它放大了生命中美好的事情。于是我越来越幸福快乐，群里的朋友也会被我感染，我的分享吸引朋友们更加靠近，不断遇到美好的人和事。

这个练习行之有效，是我的早晚必修功课。

Chapter 02

真正的幸福是什么

1. 幸福的元素

幸福与快乐并不一样。

马丁·塞利格曼将幸福分为三个不同的元素：积极情绪、投入和意义。积极的情绪，也就是我们的感受，如愉悦、狂喜、入迷、舒适等。获得积极情绪是有捷径的，比如，看演出、参加朋友聚会等。投入，反映的是完全沉浸在一项吸引人的活动中，时间好像停止，自我意识消失，动用了我们全部的认识和情感资源，让我们无暇思考和感觉。投入则需要以优势与美德为基础。对投入的追求往往是孤独的、以自我为中心的。意义，意味着归属于某些超越你自身的东西，并为之奋斗。

随着积极心理学的发展，心理学家发现衡量幸福的标准不限于生活满意度，而是人生的蓬勃程度。它的主题不再是一种真实的东西，而是一个构建的概念，由若干可测量的元素组成，每个元素都是一种真实的东西，都能促进幸福，但没有一种可以单独定义幸福。积极心理学的这一新论断，避免了一元论。它的五个元素构成了自由人的终极追求。新的幸福观发现，除了积极情绪、投入、意义，还增加了两个新的元素：人际关系和成就。

积极心理学的研究者发现，在测试过的所有方法中，帮助别人是提升幸福感最可靠的方法。积极的人际关系对幸福有着深刻的影响。

马丁·塞利格曼认为，把人生成就加入幸福的元素表是积极心理学的任务，是描述人们追求幸福的实际方法，而非规定这些方法。添加这个元素是为了更好地描述在无强迫的自由状态下会选择追求什么。

很多人为了赢而赢，也有像比尔·盖茨、巴菲特那样的富豪把前半生挣来的钱捐给科学文化和教育事业，他们的前半生为了赢而赢，后半生真正创造了财富的意义。

人生有成就、有贡献，就会让内在更充实，那样的幸福就会更持久。

幸福是一个概念，它的五个元素为积极情绪、投入、人际关系、意义和目的、成就。没有哪个元素可以单独定义幸福，每个元素都在诠释幸福。

2. 幸福来自于面对和战胜困难

关于幸福有个伪命题，这与一个故事有关。故事大意是，一个渔夫和一个富翁在海边相遇，富翁说我告诉你如何出海打鱼，挣更多的钱。渔夫说：然后呢？富翁说：你就可以过上无忧无虑的生活，天天在海边晒太阳。渔夫说：我现在过的就是这样的生活啊！

很多人读后的感受是，珍惜当下的幸福。试想，如果一个人从来没有经历过风浪，天天晒太阳就真的幸福吗？

有个故事说的是桂林有个长寿村，老人大多活过百岁。游客发现这些老人早上喝玉米糊，中午喝兑水的玉米糊，晚上喝馊了的玉米糊。于是有好事者把几位老人请到了上海，天天吃螃蟹，然后问这些长寿老人有何感想。老人说：原来世间还有如此美味，宁肯少活几年！

只有经历过、体验过，才能确认什么是真正的幸福。把自己的眼睛蒙上，告诉自己现在最好，是一种自我欺骗，难以体验发自内心的幸福与喜悦。

没有经过艰辛的训练，激烈的比赛，怎会有夺得金牌时的喜悦？

“平平淡淡才是真”，是一些人给自己找的借口，平淡是经历过风浪后的平静，跟自始至终的平庸是完全不同的两个概念。

人生有挑战，经历过面对它、战胜它的过程，才有真正的幸福体验。有一次，我参加全国心理学创新论坛，参会的嘉宾很多是学界的前辈和我慕名已久的老师，是一次难得的学习机会。而我将在此举办自己的工作坊，接受专家的检阅。论坛学术交流活跃，最后到了几种观点激烈争锋的程度，有人对专家观点表示不耐烦和质疑。而这时我接到家中电话说女儿生病住院，心里开始慌乱，种种担心的念头冒了出来。如果明天我的工作坊面对不同观点的挑战该如何应对？每次家中电话告之孩子病情加重都让我心烦意乱。我还要不要做？答案是肯定的！第二天我做好了种种准备，轻松自如地出现在讲台上。结果我的工作坊得到了专业人士的认可，我突破了自我！在讲台上，我全身心地投入课程，这时听众最重要。课程结束，我立即订票回家，这时家庭比工作更重要。

我不知经历过多少这样的事，每一次困难都是一种考验，战胜它就会有发自内心的持续幸福感。

幸福的人对人生艰难的看法，与不幸福的人截然不同。

我的一位朋友的孩子患有感统失调症，学习反应迟钝，很多人都不喜欢这样的孩子，但我的朋友说：“这世上总有这样不完美的孩子，老天不放心把他交给别人，于是交给了我。”每个生命都有自己的选择，她形容自己的孩子就像晚熟的果子，晚熟的果子更甜。她也曾感叹：如果能养育一个正常的孩子是一件多么幸福的事。她每天鼓励孩子：你越来越爱学习了！每晚与孩子一起朗诵《弟子规》。就这样，她相伴孩子读完了小学，孩子也靠自己的实力考入了中学。

有人面对困难和挑战唉声叹气，或见人就诉苦。有人视困难为挑战，找到可以学习的地方，经历困难，实现成长。这就是选择。

3. 幸福比成功更重要

幸福是人们乐于谈论的话题。虽然每个人对幸福有不同的理解，但毋庸置疑的是，人人都渴望得到幸福。

亚里士多德说过，幸福是生命的意义和目的，是人类生存的终极目标。对幸福的追求，超越了种族和地域的限制。幸福是什么？没有绝对的定义，它是一种感觉，是灵魂的成就，而不是任何物质的东西。

有人说“成功可以解决一切问题”，现在人们都非常渴望功成名就，书店里成功学的书籍放在显著位置，且持续保持热销。成功可以带来财富、荣誉、尊重等，但不一定带来幸福。成功是客观的，幸福是主观的。成功的人往往看上去志得意满，得意洋洋，但是否幸福，外人是看不出来的。

马丁·塞利格曼提出一个幸福的公式，即：幸福指数 = 先天遗传素质+后天的环境+可控制的心理力量。幸福指数是指你的较为稳定的幸福感。公式的前两项都是个人难以掌控的，你唯有控制自己的心理变量，这个变量就看你能否改变自己，掌控自己的命运。

幸福就是我们生命存在的理由。为什么要接受高等教育，拥有宽敞的居住空间，知心的伴侣，成功的事业，核心就是寻找幸福。成功只是把幸福的指标做了简单的物化和量化。

杨澜提出了自己的幸福公式：幸福=获得÷期待；当下快乐+未来快乐=幸福。她给出了这样的解答：当你的期待无限制扩大，获得有限时，就会失去幸福。一个幸福的人，既不会不顾当下的感受，也不能完全没有未来的方向，这是一种有机结合。

著名作家毕淑敏也有自己独特的幸福理论。她认为，中国人对待幸福的态度大致分为四类。第一种是饮鸩止渴型，比如毒瘾、网瘾、腐败等。第二种是黄连团子型。用黄连磨成粉当作皮，把一个美好的理想当成馅包起来。持这种观点的人终日奔波劳碌，图的将来有一天苦尽甘来。第三种是馊馅饼型。就是皮和馅都坏了还要吃。这种人最消极，对生命采取破罐子破摔的态度，心中没有热情和希望。第四种有个好听的名字——幸福的包子。包子皮是当下的欢快，包子馅相当于长远的理想。比较这四种类型，人们一定都愿意选择那薄皮大馅，味道鲜美，冒着热气的包子——活在当下，眺望未来。

而现实是当今社会正处于前所未有的物质丰盛却精神迷茫的时代，很多人看似什么都有了，却并不快乐，不幸福。

每个人要对自己的生命负责，而不是由他人决定幸福的纲领和步骤。这是我们人生的终极功课，可惜很多人都陷入原始本能的圈子里，为生活所淹没。

幸福比成功更重要，它是衡量生命质量的标准，是人生最终的业绩。追求幸福的能力，是所有能力中最重要的能力。追求幸福最大的障碍，其实是来自内心。如果生命常消耗在琐碎之事上，以为自己和幸福绝缘，是一种自我贬低。幸福就在门外，就看你是否愿意推开门。

幸福生活的精髓，就是你在了解了幸福的真相之后，如何构建自己的幸福体系。

这个幸福体系只有自己才能建立。建立前提是客观认识自我，不高看也不低估。接受完整的自我，相信自己、爱自己。有意义的快乐，就是幸福。

4. 一切都是最好的安排

如果说幸福是比较出来的，那么不幸也是比较出来的。

我常常遇到一些年轻的妈妈抱怨孩子不好管，而自己早已身心疲惫。

身为家长，挂在嘴边的话不是“我爱你”，而是“做作业”。当有一天孩子突然病倒，这时才觉得孩子的健康比什么都重要。

有时我们的注意力常聚焦在生活中不如意的一面，不经意间把它放大，导致幸福感越来越低。

当我们面对生活中出现的不如意时，愤怒、抱怨只会让情绪越来越糟。因为负面的情绪会迅速降低自己的能量，甚至导致我们做出错误的行为。

有一次我到一家企业演讲，会场的投影仪忽然失灵了。这种情况在以严格管理著称的这家企业是绝不允许的。我注意到工作人员紧张得流汗，得知一时半会儿难以恢复时，我就对大家说：“所有发生的一切都是最好的安排。人需要休息，机器也一样。也许大家不看显示屏而是看着我，效果会更好。”我换了一种方式演讲，不用PPT反而更便于互动，结果学员反映效果非常好，大家对这次演讲有了更深的体验。事后，相关负责人跟我交流时说，领导还是批评了他们，他们表示工作确实有误，同时也说道：“鹿老师讲‘所有发生的一切都是最好的安排’，这件事是给我们提醒，任何时候都不能掉以轻心。”其实我的课件很精彩，但现场出现了情况，我必须保持平稳的情绪，因为被干预者的状态是由干预者决定的。

还有一次，我到苏州去学习。6天的学习结束后，我没能及时赶上飞机。第二天就是端午节，所有的航班都没有机票了。浦东机场的航班也只有第二天中午的，我和同行的朋友商议后订了虹桥机场早上八点半的飞机。当晚我们打车到虹桥机场，第二天的安排全部被打乱。我们总想生活按计划的轨道行驶，出现意外就会慌乱和抱怨。这时如果我们对自己的情绪多一些觉察，就会平静很多。那次我同行的朋友说了一句非常朴素而有哲理的话：“咱的钱已经受伤了，不能再让心受伤了！”一位学过幸福教练课程的学员分享他从昆明飞泰国的旅行，没想到遇到春城暴雪，几万人滞留机场。据他说当时有很多人情绪失控，而他却很坦然：既然已经这样了，就接受它。反正飞机迟早会飞的！

如果我们遇到变故时，冷静地对自己说“所有发生的一切都是最好的安排”“一切刚刚好”，即给自己一个正向的心理暗示，我们的心态就会更平和。

日常生活中，有人累积愤怒和痛苦，也有人积极面对，并用乐观的心态感染周围的人。聚焦生活中的幸运点，接纳不如意，方能拥有稳稳的幸福。

我的一位朋友家庭发生了很大的变故，见她情绪低落，我推荐她来听我的课程，当她在课堂上听到“一切都刚刚好”时，拿起手提包就冲出了教室，因为她无法接受这样的观点。

后来，她经历了接纳、重建、更辉煌的过程，才终于明白了——生命中发生的任何事，不是得到就是学到，你的人生都是“一切刚刚好”。

当我遇到不如意却又无法改变的事情时，就会对自己说：所有发生的一切都是最好的安排。不管发生什么，是我的，我都不抱怨，先接纳。

四川残疾舞者廖智的故事让人非常感动。在“5·12汶川大地震”中，她失去了双腿，安装了假肢后，她又站上了舞台，且在中央电视台《舞动人生》的比赛中获得第二名。她的假肢里面是钢管，外面是泡沫。她说这样自己可以把腿修得更漂亮。当雅安发生地震时，她去做志愿者，车上位置太挤，她就把假肢取下来，她说自己不再有被挤着的感觉。路不通，要步行经过麦田，别人的脚起泡了，有味了，她说自己的假肢不会。她说：不抗拒，就能绽放。

接纳自我，专注幸福，生活就会不一样。

5. 专注优势更幸福

专注于自身优势的人过上幸福生活的可能性将会提高3倍，对于工作的投入程度将提高6倍，创造的利润将提高4倍。——这是来自30个国家、59家公司、14个行业的调查数据，这项关于优势的研究来自美国盖洛普公司，以超过50万人的数据为依据。

优势与天赋不同，天赋是天生的，优势是培养训练出来的，优势是有意识的。

在现实生活中，很多人感到累,不是身体累，而是心累。原因之一是没有发挥优势。我曾经在一家大型企业工作，随着一波又一波的改革，人员越来越少，工作量却越来越大，且是重复性的工作。作为中层干部，我发现自己如同机器一般，有做不完的事，根本没时间思考。我跟上司谈了自己的想法，得到的回答是：“不需要想事，只要做事就行了。”当我听到这话时，心都凉了，完全看不到希望。我看到下班时大家疲惫不堪的神情，清早上班时也是无精打采的样子。他们就是我的镜子！而我有属于自己的才华，为什么不能发挥出来呢？当我想清楚了，就果断地选择离开别人眼中的好位置。很多人说我有勇气，其实这与勇气无关，是我当时看到了希望在召唤。我可以做自己喜欢的事，再不开始就来不及了。

乔布斯说过："生活有限，不要浪费时间违心地生活。"感谢我刚入职时遇到的好上司，他对我的要求是：坐下来能写，站起来能讲，走出门能办事。15年的工作经验为我打下了坚实的基础——能说、能写和超强的学习力与行动力。我以惊人的毅力和决心投入应用心理学的学习中，我的成长让我的导师也惊叹不已。

谁都想拥有与众不同的人生，但有多少人问过自己：

① 我这宝贵的一生，拿来做些什么？

② 我的存在，能为社会带来什么改变？

③ 我如何让生命更精彩？

如果肯暂时停下匆忙的脚步，问自己这几个问题，想清楚后明确方向，迈向光明的脚步就不会有犹豫和纠结。

常常在电梯、地铁、车站看到行色匆匆、面无表情的人们，他们每天按部就班，日复一日地忙碌着。他们说：我要挣钱、要生活，我没时间做自己想做的事，我没理由挑兴趣，我就是个平凡的人。大多数人都这么过日子，同时又心有不甘，这一生就这么过了吗？

每个人都知道要过精彩的生活需要学习和改变，可又有多少人愿意为此付诸行动呢？

我有一位儿时的伙伴，长得漂亮、学习好、性格也好，可谓人见人爱。我很羡慕她，总觉得以她的条件长大后应该能做很多事。遗憾的是，她看不到自己的优势，结婚生子后，打麻将成了她最大的爱好。她觉得不该有非分之想，自己就是个普通人。

偏偏我就不愿做个普通人，莫名地坚信自己与众不同，来到这世上，应该能做点什么。

因为想法不同，做法就不同，当然结果就不同。我很幸运：以60分的天资，活出了90分的精彩。

生活中我们常见才华横溢却没有什么大成就的人。一个人如果不能唤醒内在的力量，就很难释放光亮，自己本身就黯淡，如何照亮四周？

不妨问自己：我的优势是什么？我如何发展这些优势？聚焦在自己热爱的事情上，绽放精彩，这样就会越来越成为自己想要的样子，幸福和快乐就会围绕在身边。

在你具备优势的领域工作，就会释放自己最大的能量。其实每个人都可以给自己定几个议题：我的人生精彩在哪里？我的优势是什么？

记得我刚参加工作不久，因为勤奋努力，被领导看好，从基层被提拔到机关科技部，工作需要我编写计算机程序，这个好意的安排让我非常痛苦，对计算机编程我一窍不通，这不是靠勤学苦练就能成功的。一个偶然的机会，企业搞文化艺术节，借调我去做节目策划，我发现做文艺活动时我的灵感瞬间涌动。不仅设计节目，我还写串讲词，并亲自上场主持。尽管排练很累，我也乐此不疲。演出时我的表现出众，一下子被上级领导记住了，并评价为“充满激情的主持人”。

如果工作是幸福所在，就会以10倍的精力投入。那时已不再是为钱而工作了，而是为事业、为梦想心甘情愿付出所有。

发现自己的优势非常重要，聚焦于你喜爱的、擅长的事情上，情绪就会得到激励，心灵也会得到滋养。按自己的节奏绽放，你就是那朵玫瑰，你的芳香足以产生深远的影响。

马丁·塞利格曼在《真实的幸福》一书中解答了幸福源泉的多项优势，它们分别是：实现“智慧与知识美德”的好奇心、热爱学习、判断力、创造力、社会智慧和洞察力；实现“勇气美德”的勇敢、毅力和正直；实现“仁爱美德”的仁慈与爱；实现“正义美德”的公民精神、公平和领导力；实现“节制美德”的自我控制、谨慎和谦虚；实现“精神卓越美德”的美感、感恩、希望、灵性、宽恕、幽默和热忱。

每一个人都有很多优势，建议用下面的标准去评估你突出的优势。

① 真实感及拥有感。

② 当你展现你的某个优势时，你会很兴奋，尤其是第一次。

③ 刚开始练习这个优势时，有快速上升的曲线。

④ 会不断学习新知识来加强你的优势。

⑤ 渴望有别的方式去展现自己的优势。

⑥ 在展现优势时有一种必然如此的感觉。

⑦ 运用这个优势时，会越用情绪越高涨，而不是越用越疲

倦。个人追求的目标都围绕这个优势展开。

⑧ 在运用这个优势时，你会感到快乐甚至是狂喜。

如果你的优势符合以上的标准，那这就是你突出的优势了，请尽量在不同场合使用这个优势，以得到最多的满足与真正的幸福。

幸福的练习2：采集三个幸福时刻

每晚睡前花10分钟写下今天三件令人高兴的事，以及它们让你高兴的原因。可以用笔记本，也可以用电脑，或者用微信记录下来。

在每件高兴的事下面，都请写清楚“它为什么会发生？”比如：

（1）我凌晨五点半下火车打车时遇到一位很好的司机，主动多付了10块钱，我很开心。

——因为那么早遇到出租车是件很幸运的事。这么早出车也不容易，当我多付钱给他时，他心情非常好，这种好心情也许会陪伴他一整天，那每个坐车的人都是愉快的。

（2）今天到邮局取包裹时遇到我的学员何姐，她主动向邮局领导推荐我的幸福教练课程。邮局领导正在找这样的课程，我们愉快地交换了名片。

——学员何姐听过我的课，非常喜欢。因为何姐热情开朗，经常到邮局办事，当我们在邮局相遇时，她自然地把我们的幸福教练课程介绍了出去。因为邮电局职工也需要这样的课程，我们很高兴认识了彼此。

（3）看到新华文轩书店门前有我的LED广告，店内有我的平面海报，墙上的壁挂式电视里正在播我的演讲视频，书店也免费提供场地举办我的专题活动。

——因为书店经理是一个有爱心的人，他不仅为我提供平台，而且也为更多的读者提供资讯，还因为我们可以通过合作把好书、好课程、好理念传播出去。

Chapter 03

让幸福来敲门的方法

1. 学习成就了现在的我

在做幸福教练培训时，我们发现幸福的人大都热爱学习。或者说学习是他们的一种信仰，他们一直都在不断地学习与提升。

信息爆炸的时代，学习是永恒的主题。我的导师吴兆华博士很少在凌晨一点前入睡，每晚她都在看书看碟整理笔记，每年自费学习大量高端课程。我和合作伙伴魏相相创立幸福教练联盟，最让我们有底气的是我们没有一天停止过学习。成长和成熟离不开学习，持续学习就会有生命精彩的蜕变，越变越美。

我个人最大的改变来源于学习，这是我和周围同龄人最大的不同。我可以骄傲地说我没有一天停止过学习。每年我个人投资10多万元用于学习。当我邀请同事朋友一起学习时，听到学费的数额，他们就会睁大眼睛问："都是自费吗？"然后把头摇得像拨浪鼓一样。也有人评价说这种行为是急功近利，比如学心理学就跟身边的人学习就行。还有人背后说我"败家"之类的。我从不争辩，因为我知道自己要什么，更清楚学习是给自己，给自己的未来投资。如果我没有经过国内外导师的训练，就不会有坚定信念打破舒适圈的决心，也就没有达成目标的能力，根本不会公众演说，也不会把自己所学分享出来。最关键的是，我在这一过程中结识了很多爱学习、事业成功、特别有爱心、愿意付出的人，我进入他们的圈子，格局一下子就放大了。

一个懂得爱自己并且有梦想和追求的人肯定享受过学习所带来的无限乐趣，在他/她看来，“学习是对人生应尽的礼仪”。很多学生总是在父母的监督下“硬着头皮”学习或是为了不被老师训斥而“忍辱负重”学习，这往往是学生们不爱学习的最大理由。“学习是强制性的，被逼无奈的”，诸如此类的观念深入人心，使得学生们很难把“我”真正融入学习之中。其实，对任何人来说，学习并不是为了他人，而是为了自己。如果有一天，当你有了清晰的人生规划和梦想，却因为能力和知识上的不足而无法实现这种美好的梦想时，你难道不后悔当时没有好好学习吗？或者，你明明有某一方面的天赋，却白白辜负了这么好的天赋，没有好好地努力学习，没有得到施展才华的机会，你难道不会觉得自己很窝囊吗？难道不会觉得对不起自己吗？

学习是这个世界上最有意思的探险。学习提倡的方法不是盲目地死记硬背，而是与知识和书本进行深层的交流，并尽可能地享受学习带来的乐趣。早年我在国企工作时遇到这样一件事，集团公司一位标兵的徒弟在技术比武中排在末位。当时我很好奇，这位标兵的徒弟说他从技校毕业10年，再也没有看过书。10年没看过书，让我非常震惊。在这个时代，不学习就会落伍。在大学里学到的知识到毕业时已有三分之二过时了。有这样一句话：学历代表过去，学习力影响未来。

目前，中国东西部的观念还是有很大差距的，东部的企业家热衷学习，而西部的企业家学习力明显不够。学习力最大的改变是思维方式，思维方式影响人生定位与格局。

我在东南沿海遇到很多企业家不计代价学习，除了学习生产经营管理外，他们还学习心理学、公众演说，甚至教练技术。我曾遇到一位企业家，递来的名片是超级演说家。我当时脑子里就有了抵触：普通话都没说好，还敢说自己是演说家！后来我发现是自己错了，这位企业家的演讲非常接地气且实用。他没有因为自己普通话不标准就怯于公众演讲，相反他抓住一切机会推广自己的企业价值观，并用他的真情打动现场的听众，赢得支持。后来我发现，优秀的企业家大都是优秀的演说家。而在西部，很多企业家思想较为保守，不仅没有公众演说的意识，反而说中国不需要演说。这是多大的差距！思维方式决定了人生各阶段的态度，影响我们的幸福感。

《论语》以“学而篇”为开端。学道理、学规则、学做人。子曰：“学而时习之，不亦乐乎？”可见持续学习的重要性。

学习让人更丰富，内在更厚重，且随时随地释放学习的能量，产生积极的影响力。

曾有一度我什么也不缺，却感到没有力量，一点儿也不快乐。麻木的橡皮人不是我想要的状态，我决定寻找幸福。恰好在这时，我听了导师的一场讲座，她说：心理学是幸福的科学。于是我一头扎进心理学的学习之中，并为此离开了原有的企业，一心一意寻找幸福。

现在我找到了幸福，并且活出了幸福的姿态，随时随地呈现幸福。我非常愿意分享我对学习的感受，愿你也能持续学习，获得想要的幸福。

2. 幸福心理学

“我如何更幸福？幸福感是从哪儿来的？”当我们想解决这些问题时，自然就会求助于心理学。心理学是关于幸福的科学。有人说心理学改变了世界，很多朋友急于从这个宝藏中找到秘诀，我个人也走过这样的路，发展心理学、社会心理学、变态心理学、心理测量等，这个领域的一切都让我感到好奇，令我完全进入一种自我探索的状态。

我很庆幸接触到了积极心理学，从此开始幸福的学习、体验和分享。1998年，马丁·塞利格曼以最高票当选美国心理协会主席。他从“习得性无助”的研究中走出来，不只关注人性黑暗、脆弱与痛苦的一面，更发出“积极心理学”的召唤——帮助普通人增加幸福感。我更愿意称这样的科学为幸福心理学。

过去50年，心理学只关心一件事——心理疾病。过去的心理学研究忽略了生命的积极层面，它对我们原先模糊的概念如抑郁、精神分裂症、酗酒等，能做出精准的描绘，而且有很多测量量表。马丁·塞利格曼发现，在心理学研究论文中，关于幸福的只占1%，而关于抑郁、悲伤的论文占99%。心理学研究已有了解除抑郁的操作手册，却对如何获得幸福的知识知之甚少。研究发现要摆脱问题状态，我们会变得更痛苦，甚至还不如以前。人不只是纠正错误或缺点，还希望找出自己的优势和生活的意义。没有幸福感的人不会感到长久的幸福，而有幸福感的人不会感到长久的不幸福。一个认为失去了一切没有生活希望的人，在意的不仅是解除痛苦，而是需要美德、生命目的、正直及生命的意义，由此引发的积极情绪体验会使消极情绪快速消失。

积极心理学校正了传统心理学的不平衡，这些我们在马丁·塞利格曼《真实的幸福》中能获得很多回答。其新的研究显示，幸福感可以持久。

真正的幸福感必须来自自己的努力，而不是靠捷径。我的一个朋友的孩子患有重病，且将不久于人世。母亲认为她很惨，她却始终认为自己很幸福。因为她陪孩子从小学习绘画，孩子留下很多作品，且在北京举办了个人画展。同时她得到了很多认同、支持和帮助，她一直生活在感恩中。所以人们看到她根本不是一个负重前行的人，相反她活得洒脱，每次我看到她，都觉得她是鲜活的幸福榜样。

很多人误以为通过捷径可以获得幸福，事实上它无法带给我们真实的幸福。**幸福感源于优势与美德，只有通过自己努力得到的幸福，才会有真实的感受。**如果一切来得太容易，幸福感势必会大打折扣。

好口才是事业的敲门砖，我教过一门课是青少年演讲与口才，之所以教这门课，几乎没考虑过经济效益，就是觉得有意义。因为一个人的表达能力太重要了，这是伴随终生的能力，是迅速提升自信的能力。当时很多人都不看好，家长会给孩子报小主持人，但不会让孩子学演讲，演讲与升学一点关系都没有。我自己是公众演说的受益者，可以说这项技能给我创造了更大的平台与机会。如果孩子在少年时代就能受到这样的专业训练，将是一件多么有意义的事情。我办第一期青少年与口才班时才7个人，每周要穿越全城去上课，周五在城西，周六在城东。校方也觉得这件事有意义，赔钱办这个培训。我们坚持了两年，当我带着小学员们走上市民讲台展示演讲的魅力时，校长激动了："原来我们学校的孩子这么棒！"台下的家长感叹："我的孩子如果有这样的表现该多好。"我个人也深深地感到幸福，我为这些孩子骄傲。原来老师是由学生成就的！如果没有当初的付出，就没有后来的成就感。后来我教的小学员走到文轩书店替代文轩姐姐讲故事，参加全市、全省、全国的演讲比赛。我们创造了一个又一个奇迹。这个过程对我来说是一次特别的幸福体验，它是完全投入的、忘我的体验，且幸福感一直在持续。

幸福本身就是一种持续的战斗力。积极心理学关于幸福的研究不断深入，在马丁·塞利格曼《持续的幸福》一书中，我发现从学术象牙塔走进接地气的生活，发现人们为维持人际关系和追求成就付出的努力并不能简单地归结到积极情绪中去。幸福不是目的，而是持续的能力，我们幸福地追求，就可以获得稳稳的幸福。

3. 找准幸福学习之路

每次做完幸福教练课程，都会听到这样的声音："从小学到研究生上了很多课，工作也有很多专业培训，但从来没有上过关于幸福的课程，从来没人告诉我如何做一个幸福的人。"对此我深有同感，因为我也是这样一路走来的。

只有幸福的老师，才能教出幸福的学生。幸福教练不是在讲台上讲幸福的人，一定是在生活中活出幸福姿态的人。我们工作、学习和生活，第一要解决的是成为一个什么样的人，而不是为了生计马不停蹄地忙碌。我们先确定要成为一个什么样的人，才能明确要学些什么内容，跟什么人学习。

我一直在寻找如何让自己幸福快乐的方法。早期出版的作品里充满了小情小调淡淡的哀愁，翻开旧日的文章有这样的文字：我什么都不缺，表面上看来什么都好，企业中为数不多的女性精英，正值人生盛年，孩子聪明可爱，老公爱家有责任感，房子、车子、票子、孩子都有，但心中却空落落的，不快乐。这是最真切的感受，不知道什么能让自己充满力量。后来我在学习中知道：无力感是能量最低的一种情绪。

我的理想不是成为有钱、有地位的人，而是成为一个幸福的女人。只有幸福的女人才能有幸福的家庭，特别是当我们关注要培养什么样的孩子时。我希望自己的女儿是幸福的，先生是幸福的，父母是幸福的，所以我自己要先做个幸福的妈妈、妻子和女儿，最重要的是先成为幸福的自己。了解自己与否，决定了每个人拥有什么样的人生。

大多数人都会偶尔问自己：我是谁？我在追求什么？但也会在偶有所感之后，又回到世事的浮沉中。或者寻寻觅觅一阵子，不得其所，只好放弃，回到自己熟悉的环境中。

如果明确目标，找到方向，就会找到路径。做一个幸福教练必须学习，学习什么？每一位幸福教练都会系统地学习心理学知识，同时还要学习教练技术。当越来越多的人一起学习时，就会获得更多的资讯和机会。

我想传递的信息是：**每个人都可以成为自己的幸福教练。这是成为一个幸福的人最起码的态度和信念。幸福快乐的决定权取决于自己，而学习是必经的途径。**

读万卷书不如行万里路，行万里路不如跟着成功者的脚步。阅读绝对是人生的财富，这是世界上最经济实惠的一件事。

走出家门看世界也是不可缺少的人生经历，走出去就会发现世界和你想的不一样。有时你看到的都不一定是事实。走出去就意味着你离开了过去的圈子，去探索远方的风景，路上遇到的每一个人，都可能是一本活的教科书。

我在其他行业工作多年，在心理学领域并非“科班出身”，且在近不惑之年才起步。曾经一度觉得自己“起步晚、起点低”，后来我发现这是上天赐予的优势，可以用最无挂碍、最务实、最直接的方式去追求、去实践。不以专家自居，才能融合各种学术流派及内部的精华，收为己用，并热情地与他人分享。

当我走出去时，接触到全国各地、世界各地的人们，发现原来世界和自己想的不一样！原来一眼可以看到头的生活，可以有不一样的活法。原来人生的轨迹不是注定的，你可以重新规划自己的未来。这一切的体验，都是我走出去才发现的。我喜欢飞翔的感觉，它让我看到不一样的世界。

一个人能走多远，看他/她与谁相伴同行。一个人能有多大的成就，看谁在指点他/她。而这一切都与学习有关。

4. 主动接近正能量的人

“泛爱众，而亲仁。”意为广施爱心，亲近仁者。获得幸福人生的道理早在《弟子规》里就说明了。

幸福人生，要有爱。与此同时，和什么人交友很重要。不同的频率形成不同的朋友圈，充满正能量的朋友能将你带到更高的频率中去。

有一个很形象的比喻：“跟随蜜蜂迟早会找到鲜花和花园，而如果我们选错了朋友，不小心跟在苍蝇后面，那又会遇到什么呢？”结果可想而知！

有位教师朋友，跟我分享了一个颇为有趣的小故事，后来上课时经常被我用来做案例。

他批改作文，看到学生写道：下课了，同学们像苍蝇一样“嗡嗡”地冲出教室。“看到这样的句子，我想死的心都有。鹿老师，你说同样是‘嗡嗡’，他们为什么不写成像蜜蜂一样呢？”

可爱的老师形容他想死的心都有，显然用了夸张的手法。但我十分理解他的心情，我们真心希望孩子眼里、嘴里、笔下和行动上有更多美的东西呈现。

“泛爱众，而亲仁。”首先是一种意识，当有了这种意识时，就会珍惜身边谁是正能量的仁者。

再者，仁人志士通常都很忙，他们一般不会走到你身边问你有什么需要帮助的？唯有你主动接近才可以。

我在跟学生的分享中也说过：如果遇到好老师，千万别放过他/她。要跟随、要学习、要成长，要从老师身上学习，并发挥出能量。

大家是否注意到，你的很多决定或者想法，甚至生活方式和习惯都与最亲密的朋友有关？

我从自己导师身上学到三点：一是不计代价不知疲倦地学习；二是乐于为他人搭建平台，做幸福的桥梁；三是随时为朋友备上小礼物。

你想成为什么样的人，就和什么样的人在一起。身边的朋友影响我们的人生，甚至影响我们的命运。生命中的仁者，其实代表的就是这一生能到达的新高度。仁者的眼光与品质，帮助我们认识生命的本质，使我们每一步走得更坚实，在实现梦想的过程中，会得到更多支持和帮助。

美国企业家保罗·艾伦之所以“一不留神成为亿万富翁”，是因为他很年轻时就与比尔·盖茨共事。他们一起打拼事业，创建了微软公司。畅销书《谁是下一个奇迹》的主人公原型梁凯恩之所以能完成上海五万人的演讲，是因为他和亚洲第一潜能激发大师许伯恺搭档。

正能量的人能对身边的人产生极大的影响。如果你在一个正能量的朋友身边待上10年，就有超过70%的概率具备他/她身上大部分特点。

犹太经典《塔木德》中有一句话：和狼生活在一起，只会学会嗷叫。和那些优秀的人接触，你就会受到良好的影响，耳濡目染，潜移默化，从而成为一名优秀的人。不妨想想你想成为什么样的人，那就知道自己该怎么做了。和优秀的人交朋友，让负能量的人从你的朋友圈里隐退，用心珍惜你身边正能量的人，向他们学习，让自己也成为一个释放正能量的小太阳，去影响更多的人。

5. 生活是最好的修炼场

看书、上课、跟随老师学习，最终都要回归到自己实实在在的生活，真实的生活场景，就是自我幸福最好的训练场。

生命就是关系，没有一个个体可以离开它而独立存在。我听过这样一个故事，一个人在山洞里修行十多年，自我感觉已得道成仙。有一天，村民发现了他，请他去村里开坛讲法。很多村民都涌来看这位“仙人”，因为人太多，挤来挤去有人不小心踩了这位“仙人”的脚，他一下子愤怒起来，脏话脱口而出。这时他才明白，自己的修行远远没达到境界。对于我们普通人来说，生活中的修行即“关系”两字。

关系在生活中分为好几个层面。

首先是与自我的关系。如何与自己相处，在我们的幸福课程辅导中，很多人看起来光彩照人，内心却不接受自己。印度一世界学院首席导师阿南达吉瑞说过：所谓觉醒，就是对自己感到自在。我的合作伙伴魏相相，坚持每天早上六点起床，她说早起的一大好处是留点时间和自己在一起，这样很舒服。

我一直保持勤奋努力的状态，相信天道酬勤。如果有一天我状态不好没有完成计划中的事，就会觉得自己荒废了时光，特别不能原谅自己。于是跟自己过不去，后悔没有合理安排计划。在自我幸福教练的过程中，我问自己：一天不做事会带来什么？打乱计划。打乱计划意味着什么？工作没效率。没效率又意味着什么？无法达成目标。你最大的人生目标是什么？做好幸福教练。好的幸福教练是什么样的？自己幸福快乐平和。那你现在呢？是什么阻碍了你？你该如何与它们相处？如何把你看到的阻碍转化为成长的动力？你可以吗？你该怎么做？

自我幸福教练是非常有效的方法。战胜了一个困难，还会有新的困难出现，而困难真的可以转变为资源，让内在越来越有力量。

与自我关系相伴的一定是两性关系。很多人并不关注这一点，我个人的体会是每当讲幸福亲子关系课程时总是座无虚席，而讲两性关系课程时来的人并不多。很多人认为最重要的关系是亲子关系，因为我们对孩子负有责任。事实上，如果亲子关系出现问题，那一定源于两性关系。

生活中不幸的婚姻很多，且婚姻不幸的人多半都会有一个朋友圈，经常在一起倾诉自己为家庭付出了多少，失去了多少，互相传递怨和恨，实则伤害的是自己。也有一部分人随时随地在展示自己的婚姻有多美满，当我们遇到这部分人时，只需祝福就够了。然后我们可以离开，无须比较。因为世上真正美满的婚姻很少，我们看到的金婚银婚典范都是他们相互磨合的结果。

婚姻是一门学问，我们在另一半身上投放了很多希望和幻想，希望对方能满足自己，我们想在对方身上寻找自己缺失的东西。在恋爱时会呈现最好的一面，而结婚后真实感会渐渐显现，于是就有了失望、指责。如果我们能透过这些，进行内在的自我探索，去感受爱与接纳，而不是两个人相互索爱，那么亲密关系就会成为我们成长的助力，不会一味地指责、要求和依赖，而是全然地接受对方，让对方成为他自己，也自在做自己，两个人的关系彼此相系，各自独立。

第三是亲子关系。谈到亲子关系，不仅仅是我们与孩子的关系，还有我们与父母的关系，因为我们还是他们的孩子。现在父母热衷于学习如何处理与孩子的关系，同时又发现与长辈越来越难相处，于是纠缠在关系中的，有爱、有恨、有期待、有失望、有痛苦……人生的酸甜苦辣都在我们与父母和孩子的关系中。我们要厘清不少问题，如何将负面情绪的能量转化为爱意，如何区分孩子及父母对我们的期待，及我们对他们的期望，区分爱与责任、担心与关心的差异。亲密关系是人生最大的功课，它在那里存在，无法逃避，且直接关系到我们和其他人的关系。

通过不停地学习，我发现不是问题越来越少，而是“麻烦”越来越多。但学习让我们学会了接纳它、欢迎它，让“麻烦”成为自己成长的机会。所有关系的功课，都是个人的功课。

生活是最好的修炼场，每一个关系背后，都藏着一份礼物。

6. 探索内在自我

在我的课程中，会留出一些时间，让大家静下心来写下“我是谁”。这个过程很严肃，也很有意思。很多女性会写：我是谁的妈妈、谁的妻子、谁的女儿，哪个企业的员工等。男性会写：我是一个充满爱心的人，我是一个有格局的人，我是一个充满智慧的人……由此我们可以看出女性与男性不同的自我认知。女性更关注身边的事，男性更关注全局，而无论男人女人，他们写下的往往是理想中的自己。

了解自我，是一个很有意义的过程。但这个过程不一定是轻松和快乐的，泪流满面是常有的事。还好，泪水是心灵的泉水，能够冲刷蒙尘的眼睛和心。

有一次我参加美国斯坦福大学商学院海伦老师的课，大家都希望与老师能有更多的互动。那时我的父亲住院，我从成都飞徐州，又从徐州飞深圳，课程节奏又快，那几天特别累。我在课堂上有些心不在焉，但又不想放弃上台的机会，后来我争取到了上台的机会，却完全不知做什么。最后老师只是以我为例做了技术的示范，我觉得好不容易争取来的机会，收获却不像自己想象的那样。午餐时与三位好友在一起吃饭，

Linda说："你好像在台上不坚定。"我当着众人一拍桌子说："知道不知道你这样会让我很有压力！你每次这样说，都让我不知所措，让我觉得自己做什么都有错，而答案在你那儿。我不愿意接受你的话题，因为不知怎么回答，好像说什么都不对！"瞬间空气凝滞，自己也没想到情绪会如此激动，话一出口就后悔了，可事情已经发生，我知道自己让Linda伤心了，她是我最好的朋友，给了我最多信任和支持，她形容我在讲台上光彩照人，光芒万丈，而我却当着众人冲她大吼大叫。

那一刻我已成了受委屈的孩子，感觉自己不被认同，我不允许自己在讲台上不够好，我怕失去关心与爱。我非常在意与Linda的友谊，如果我知道因为参加一次老师的课程会影响到我们的关系，我宁可不来。

我们的关系一下子僵在那里，我非常痛心。晚上同住一室，我知道必须道歉。但是我有多久没向别人说"对不起"了？

然而我的情绪并没有影响到身为教练的Linda，她强有力地向我发问：你的不冷静背后是什么呢？

我重重地倒在床上，眼泪流了下来。我想起了奶奶给我讲的家族信念里有这样一条："冻死迎风站，饿死装饱汉。"父亲出生在抗日战争时期，爷爷是个矿工，很早过世，奶奶一个人带着五个孩子在乱世中求生存，她如果不坚强，这个家就垮了。我现在还记得奶奶对我说这句话的情形，她是咬着牙说的！她像一个男人一样地撑着整个家。那个时候，她不好强怎么生活。不装孙子不求人，同时还要帮别人。这种基因融入了我的血液，鞭策我积极进取，不怕困难。我的信念是"不能让别人看鹿雯立的笑话"。所以我在工作和学习上不肯落人之后，在讲台上力争最完美。我是何等好强之人，怎么听得进别人说我不坚定。有时候是“死要面子活受罪”，话虽简单，可能放在生与死上就真是信念了。冻死都要迎风而站，是何等的坚强？我知道那不是颜面，而是尊严，尊严比生命更重要。

我曾经想象过，自己的葬礼在草坪上举行，那场景更像婚礼，白纱、白玫瑰，还有白百合，人们的表情安详宁静，神情肃穆。看到自己的遗像前有很多熟悉或陌生的面孔，他们在我的遗像前对我说：“鹿老师，听了你的幸福课，改变了我的生活，谢谢您！”那时我的灵魂就在空中，无比幸福。那一刻，我坚定幸福教练是我终生的事业。我甚至想象自己的悼词：她的课程帮助很多人找到幸福。她热情、温暖、美丽、真挚，让很多人在她的幸福课程里受益。她给这世界带来了独特的美好。

这一次深入的自我探索让我再度认清自己，只希望自己的墓志铭可以写下：一个有爱的女人，一个活出自我的女人。这样更简单，更清晰，更纯粹。

于是，Linda的问题，让我与真实的自我联结上了。流过泪后，我特别轻松，我与Linda的友谊进一步加深了，我没有失去她。同时，我找到了自己。

人的价值观很重要，价值观决定了我们处在什么样的环境，会有怎样的行为和表现。我们每个人都可以做这样一个试验，找一个安静的地方，写下五个核心价值观。然后一个个地减少，看看最后留下的是什么。

什么是信念，它与价值观有什么不同？我以为最大的不同是，遵循某种价值观的状态是看得见的。而信念是看不见的，甚至是深信不疑的。比如宗教，没人见过耶稣，但信徒们坚信他的存在。我们看过很多战争题材的影片，如《红岩》中的江姐，消灭敌人建立新中国就是她不可动摇的信念。信念决定一个人的价值观和行为。

我从读书到工作都有一个坚强的信念："没有困难能难住我。"这个信念给我带来不服输的个性，让我勇于面对困难，不甘示弱，激流勇进。这个信念也给我带来非常大的帮助，让我在男性为主体的企业里成为一朵独特的花儿。

这个信念决定了我的行为：不停地学习和付出。为了一个新闻线索，我会关注几个月。灵感来时，我会从床上一跃而起。周末别人以为整个办公楼空无一人，其实我在暗房里独自冲洗黑白相片。即使在结婚旅行时，我满脑子想的都是工作。先生问我：你累不累？

事实上，我蛮有成就感的，但我并不快乐，且很焦虑。我顾不上享受当下的成绩与辉煌，就开始下一轮的危机，每天如履薄冰，担心辉煌转瞬即逝。如履薄冰的状态反映出敬业的状态，却不会有幸福可言。不得不承认，我的很多成就是"没有困难能难住我"这个信念支撑的。

后来我转变自己的观念，由"没有困难能难住我"转变为"我是一个能给他人带来好运的人"，幸福感大大提升。这个观念也一直支撑我走到现在。

7. 礼物，即是爱的语言

我的一个女友除了清明节不送自己礼物，其他节日都给自己准备礼物。接受礼物岂不更愉快？女人没有不喜欢礼物的。礼物，即是爱的表达。

今天下午见友人，准备了自己写的书，她也准备了伴手礼：护手霜。她是一位优秀的医生，一直喜欢我的声音，听我的课程。我们喜欢彼此的礼物，分别后依然怀念对方。这是彼此催眠，记得我在乎你。

关于礼物，最初的记忆源于童年。父母响应国家三线建设的号召，来到不毛之地创业。当时物质条件极差，但我们却无比快乐。

父亲是集团公司的专家，常有机会去当时的冶金部出差。记得有一次父亲回家，我们欢天喜地地迎接他，母亲发现父亲没有带回什么东西，脸上掠过一丝失落。我至今依然清晰地记得她那时怅然的表情。

后来父亲去北京出差，带回了一个铝饭盒，打开一看，满满一盒的冰糖葫芦。因天气升温，它们早已化成了糖水和山楂串，我和弟弟却无比欢喜，拿起山楂串蘸着糖水吃，这是人间最难忘的美味。

那个时代，我们只在电影里见过冰糖葫芦，父亲给我们的礼物令人终生难忘。

给你礼物的人，总会让人欢喜，送出与接收是爱意的传递。学生时代，我常与同学互赠笔记本，至今都是本子控，再多都乐于接受。

我的导师是送礼高手。我无意中说到有条丝巾很漂亮，第二天她就送给了我。我说：老师，我不是这个意思。她说：是我母亲教给我的，要时常送人家小礼物。你喜欢，我就开心。

后来，我发现导师的包里、车的后备厢里时常备有小礼物，以随时送给帮助过自己的人。有时即使是一个小小的中国结，它都催眠般的赋予正向寓意和能量。

于是，我学会了回家看望父母，绝不空手回去。遇到帮助过自己的人，也一定会有小礼物回馈。后来读到“爱的五种语言”，才知道，礼物，即是爱的语言。

三月女人节，我在全国各地讲学，马不停蹄。飞机、动车，上午讲、下午讲，晚上也在路上。高频率地输出，是脑力劳动，更是体力劳动，如果不是热爱，很难坚持下来。听到太多的人说“辛苦了”，我都回答：只辛不苦。因为不是人人都有机会站在讲台上。我在做自己喜欢的、擅长的、助人的事业。我对听课的人们说：谁遇到我，我就是他/她的礼物,我传递的即是爱的语言。

没想到我自己也会收到意外的礼物。

回到家中，先生和女儿让我蒙上眼睛，打开丝绒礼盒，是一头小鹿的珍珠胸针,还有个名字叫“一鹿向前”。女儿说：“妈妈，这个多适合你呀！我选的，我爸乐颠颠付的钱。”好喜欢爷俩送的这个特别的礼物。

在法院讲学后，中午我与大家一起吃工作餐。有一位学员进来说：“老师，我有礼物送给您。您说知道不重要，做到才重要。我特别想送给您这个礼物。”哇！我简直没想到，是一小瓶香水，我被她深深地打动了。

回到我曾经的老东家单位讲学，主办方的朋友想让大家晚上聚一聚。我说自己现在已经不再参加应酬的饭局了，他说：你就别拒绝了。当晚我旁边的两个位置留着，他说还有两位重要客人。我好奇，但忍着没问。完全没想到他会把先生和女儿带到我面前。哇，太出乎意料！他说：鹿老师，这是我送给你的礼物。

真是惊喜，心里说不出的感动！

此人情商极高，他知道对方的需要，关键时刻总是送出让人难忘的礼物。他在美国留学期间，在妻子生日之际，委托国内友人购买玫瑰送达家中。有人说：老夫老妻送什么礼物，自己人没必要。事实上，无论多大年纪，我们都需要爱，无论何时我们都能透过礼物感受爱。

礼物，是形式，也是内容。礼物，是尊重。代表我的心中有你，我很在乎你，你开心我就快乐。

送礼，是一门艺术。最近，先生买了一台家庭综合治疗仪给我父亲。老爸说：只要孩子想到我了就好，礼重情更重。

礼物是爱的视觉象征，它表明关心，代表关系的价值。

那么，如何送出让对方愉悦的礼物？

① 礼物的价值在于人的看法，重视礼物传达的情义。

② 了解对方的品位与需要，给他最想要的。

③ 礼物是爱的储蓄。

④ 把自己也当作礼物。

礼物，是爱的语言。它让我们感受到爱的流动。

接与受礼物的核心是：他/她心里想着我。

如何送出与接受礼物，需要用心学习。好好爱自己，从把自己当作礼物、送自己礼物开始。当你足够爱自己，你即懂得如何爱别人，如何表达你的爱，送出对方喜欢的礼物。

你的他/她，最喜欢什么？礼物，一定要投其所好。

接收礼物并回礼，是一件多么美好的事，你也可以做到。

8. 运用“五感”体验幸福

我有一个幸福公式：获得幸福的意愿+对幸福的注意力=体验到幸福。

提升幸福的注意力有一个具体的练习，这是幸福教练的重要内容之一——运用“五感”拓展幸福。这很重要，如果感官坏死，再多的刺激也只能引起极少量的反应。如果感官敏锐，只要一点点刺激，内在就会有更大的反应，并由此产生更大的转化力量。

“五感”，就是动用你的触觉、听觉、嗅觉、视觉和味觉，注意它们不同层次的幸福感。

（1）触觉。我们在人际关系中有肌肤接触时，会更快地建立联结。比如握手、拥抱。通常寒暄能表示礼貌，而握手、拥抱或亲吻会更进一步拉近彼此的距离。去体验握手的感觉，当对方暖暖的大手紧紧握住你的手时，去感受那份信任、热情和支持。如果对方的手冰冷无力，我们也可多给对方一些关怀，把自己的能量传递出去。

很多夫妻结婚久了，很少牵手，以至于结婚越久越没感觉。在与孩子交流的过程中，拥抱很重要，我们与孩子的距离有多近，心就有多近。著名的心理学家赫洛德·傅斯博士研究发现：常拥抱孩子，能提高他们的心理素质，让他们变得更坚强。当你张开双臂拥抱孩子时，他们在臂弯里能感受到父母的体温。让他们感觉到无论做什么，都有父母作为坚强的后盾。于是，这样的孩子胆子更大，遇到挫折时也不会感到孤独。另外，温暖的拥抱还能赋予孩子战胜压力的力量。孩子从小到大要承受各种压力，上学时有考试压力，交友时有人际压力。而拥抱就是一种无言的力量，让孩子在身心放松的同时，也感受到父母用肢体传递给他们的动力，那就是"宝贝儿，你一定能行"。所以，在孩子感到压力时，这种潜藏在内心的力量就会推动他们尽快地释放压力，轻装上阵。

我认识一位大学生，她说很羡慕我和女儿的关系，因为她与妈妈从不拥抱。起因是童年时她要求妈妈"抱抱"，妈妈不耐烦地随口一说："哎呀，热！"从此女儿的肌肤再也没贴近过妈妈。我们都爱过，知道那是多么美好的一种感觉。现在不管你多忙，抱抱你的孩子、爱人和家人。遇到别人需要帮助时，大方伸出你的手，那时最有力量的其实是自己。

（2）嗅觉。气味是最能畅通无阻抵达人的内心的。比如我们闻到饭菜的味道就想到了家，闻到花的香味会很放松，甚至一瓶洗发水的味道就能把你的心带回童年。在平淡的生活中感受幸福，千万别忘记用鼻子去感受。

我曾经在钢铁企业的炼焦环境中工作很久，导致我很长一段时间嗅觉失灵。很多人到了我所处的环境里，都捂住鼻子，偏偏我一点儿都闻不出来。而且我的感觉是焦炭是香的，后来有专家说其中确实存在芳香烃，但在生产过程中会生成很多化学物质。后来随着环境的变化，我的嗅觉有所恢复。当时有一点让我欣慰的是：焦炭的香味我是闻得到的。

我的合作伙伴魏相相老师是芳香疗愈的专家。她的芳香疗愈有很神奇的功效，她讲到佛手柑的香气犹如天空中洒下的金色光芒，葡萄柚的香气如何醉人。打开嗅觉可以联结身体里的很多记忆，唤醒内在的能量。现在我最喜欢的气味就是橙香，每次闻到这样的香味就感觉特别幸福。

我们身边有很多美好的气味能带来愉悦的感受，让你的鼻子发挥作用吧！

（3）视觉。运用眼睛感受幸福非常重要，关键点是你幸福的注意力，即你选择看什么。有一次我的手指受伤了，我贴上创可贴。我听到了两个不同的声音，一个声音说：“你的手怎么了，好吓人呀！”一个声音说：“您是教弹琴的老师吗？”我注意到前者声调尖锐，后者却很温和。在一次宴会上，同桌里有位知名人士，一位朋友发现她脸上全是斑点，背后不停地议论她。而我发现这位嘉宾有着最迷人的笑容和最淡定的神情，太美了！看别人是自己内心的投射，关注别人脸上斑点的人，是因为自己的脸上也有。

如果我们每天关注美好的人、事、物，就会让自己的心情保持舒畅。

（4）听觉。听与说常常是联系在一起的，说什么很重要。幸福离不开良好的沟通，说什么是由说话的人决定的，而沟通的效果是由听的人决定的。我们在与人交流时经常说自己想说的话，而不考虑是否是对方想听的。听的一方从说的一方开口时就开始评判，这样难以达成良性沟通。有这样一个小试验，A讲给B听，然后B复述A的话，结果能复述50%的人都很少。这是因为我们没有专注，并带上了自己的评判。

听是我们获取信息的重要方式。我们不妨留意以下几种情况：

① 充耳不闻，听不见对方说话。

② 应酬式的“嗯、啊”，心口不一。

③ 选择性地听，只听自己感兴趣的。

④ 常常抓不住要领，听了下句忘了上句。

聆听有三个层次。如果我们像倾听婴儿的哭声和笑声一样去聆听，沟通将更有效率，而这来自于心觉。广义的聆听包括对当事人身体语言的观察。有研究表明，表达中语言只占8%，27%是语调和音量，55%是身体语言。

（5）心觉。生活离不开关系，人与人之间只有用心沟通才会和谐，也会更幸福。用心感悟是心灵营养的必需品。我们有一个心脏，两个心房，一边住着快乐，一边住着悲伤。能否感受到幸福、感受到多少是由我们的“五颗心”决定的。一是善心，善良就会有善念、善心、善行。二是爱心，愿意分享，愿意成全，真心帮助他人，舍得让爱的人受苦，是最大最深沉的爱。三是上进心，唯有上进心，才能让人勇于面对困难，积极进取。人面对困难有三种层次：第一是转嫁，认为是由他人或环境造成的。第二是逃避，不敢面对，最终小难题成为大难题。第三是求助，争取社会资源帮助。四是责任心，勇敢面对、解决问题，并把过程作为自我提升的经历。面对、解决问题是一种责任心，幸福来源于成就感，唯有成为有责任心的人我们才能更多感觉幸福。五是感恩之心，感恩父母、伴侣、孩子、工作、国家、社会、大自然。感恩之心离幸福最近。

幸福的练习3：专注于你的幸福力

主命题：你的幸福通过某种方式表现出来了吗？

（1）若回答“是”。

自我提问：是哪些方式表现出来的，说说看（这些问题平时大家通常不会细想）。

继续提问：这些给你带来什么样的感觉？你都为此做了什么？

（2）若回答“不是”。

反复自我提问：那什么能让你感到幸福？

再提问：你为此都做了什么？

重复提问，可以循环，直到内心真正清楚自己想要的幸福方式是什么。

Chapter 04

幸福的六种情境

1. 在职场中发现幸福

一部《杜拉拉升职记》让人看到职场的千姿百态。

一首《明天老子不上班》让职场人大为解气，迅速走红于网络，甚至上了《中国好歌曲》栏目。

职场怎么了？很多人讨厌上班，形容上班的心情就像上坟。于是有人说：不抱怨的人悄悄地飞走了，因为有勇气去追梦。抱怨的人都留下来了，他们舍不得职场带来的种种好处，同时继续抱怨着，于是越来越纠结，压力越来越大。

首先，我们看看职场能给我们带来什么？

（1）职场带来稳定的收入，带来安全感。这一点特别重要。抱怨的职场人常常忽略它的无形价值，即增加社会交往的机会，提升在家庭中的地位。

人在职场极易产生职业倦怠和职业危机，这也是不容忽视的事实。产生抱怨情绪的主要原因如下：一是创造性低，强压力下沦为工具，又心有不甘，渴望更大的发展空间和创造性；二是自我感觉劳动付出与报酬不一致，这样自然影响工作积极性；三是职场的角色价值与个人价值的冲突，能力强的觉得收获与付出不成正比，能力弱的担心竞争、裁员、改革，惶惶不可终日。于是伴随着职业倦怠和职业危机，各种生理反应也出现了，胃病、肩周炎、神经衰弱、咽炎、失眠等，身体状态又会直接影响情绪。

班是一定要上的，钱是一定要挣的，考核是一定要面对的。职场中的幸福就在那里，看你如何发现它。

（2）职场带给个人最大的收益绝不止于薪水，而是人脉资源。在职场中，成功有时不在于你知道什么或做什么，而在于你认识了谁。相比宅男宅女，职场人士更有机会因工作接触到各种人。每一个客户都拥有多种关系，如果你的专业态度得到他们的认可，会更快地达成目标。在职场中，一些人在等待机会，而一些人在寻找机会，特别是能帮助自己达成目标的人，这样的人通常也在观察你的专业能力、做事能力和人品。

（3）职场锻炼个人的专业能力和综合素质。现在求职强调工作经验绝非有意设置障碍，有经验的员工到岗就能上手，这就是价值。而一个新手是需要一段时间的“调教”“适应”方能胜任工作，“有经验者优先”当然不难理解。

（4）职场带来个人价值感。没有职场的历练，心理上很难产生自我认同。

（5）职场是学习的场所。离开学校和家庭，职场是大多数人最佳的学习场所，不仅学习技能，更学习如何与上级、同级、下级及客户的相处之道。职场是人际关系的场所，与众人是谋生的共同体。职场是发挥能力的场所。当年我的上司要求我“坐下来能写，站起来能讲，走出去能办事”，且说话做事严谨，这种职场历练的能力一直伴随着我，令我在我二次创业时更深深感受到，在职场没有冤枉路，每一个过程都是学习和成长。

在职场中找寻到幸福感似乎很难。其实只要内心不抗拒，就能心平气和地在职场中学习和领悟。什么是生活，即生下来，活下去。在职场要做到的就是：在组织中活下去、升上去。如果没有坚持，就没有发言权。唯有坚持才能看清自己的能力、组织的能量及自己最擅长最渴望做的事。由此，才有更多选择。

人在职场，如何找到幸福感是由我们自己决定的。

职场人没有目标就会一直被动。敬业是职场人应有的素质，没有全身心的投入，难以感受工作带来的成就。有结果才有发言权，有自己的代表作，才能感受职场的乐趣。

职场就是另一所大学，不仅可以学习、交友，还能创造更多价值。

职场怕输铁定赢不了，怕死铁定活不好。只要磨炼自己的意志，职场亦是人生修炼场。

2. 找对你人生中的贵人

回忆我的职场之旅，一路贵人相助。有时我都在想：运气真好啊！

（1）初入职场，贵人说："来我这儿吧！"

大学毕业刚参加工作，在生产一线实习。倒班，不知第二天是星期几，只知上白班还是夜班。我能见到最大的领导就是班长！有一天他说厂里有场演讲比赛，你去吧。为了不辜负组织信任，我认真写稿，背得滚瓜烂熟，在镜子前一遍遍练习肢体语言，还一遍遍听自己的录音……比赛时信心十足、落落大方，讲了很多基层鲜活的故事和真实的想法……现场掌声、笑声不断。

厂长最后总结讲话时，狠狠地表扬了我。比赛结束，一位女性领导主动找到我，她自我介绍，并在纸上写下了她的名字和办公室电话号码（那时还没有名片和手机）。后来她说：我欣赏这个年轻的姑娘，热情、明亮。

我终于如愿到了她主管的部门。她总是给我很多额外的工作，比如写新闻稿、编文艺节目什么的。写作是我的强项，作文被老师从小学念到高中，自然出色完成。集团举办文艺演出，我率先组织大家表演了火爆的健美操，让人眼前一亮。她在大会上说："公司大机关里很多年轻人的上进心和勤奋都没法跟小鹿比。"她性格开朗乐观，有机会就向上级单位举荐人才。

有一次她在很多人面前说："公司宣传部还有一个岗位。"然后看了我一眼。当时我想那么好的岗位怎么可能是我呢？转念一想：可她为什么会意味深长地看我一眼呢？于是我去她办公室，她笑着说：我故意当着众人说的，知道小鹿有想法就会来找我的。哇！这辈子就聪明了那一回！经由她的推荐，我被借到公司宣传部，从新闻干事一步一个脚印做到"鹿部长"。

（2）职场升级，贵人说："这个岗位你必须有三种能力。"

当我开始真正从事新闻宣传工作时，上级领导说了一句我铭记终生的话："小鹿，在这个岗位上你必须练就三种能力：坐下来能写，站起能讲，走出门会办事。"

我记在心里，一直按这个标准要求自己。写和说的能力，我已具备一定基础，接下来就是不断地练习。我每天下基层采访，回到办公室后以最快时间完稿，勤奋是没得说的。现在回想：个人职业形象好、年轻、热情、好学、新闻敏感性强、执行力强、作品迅速见报，我具备的这些优点真的想让人忽略都难。

为此公司专门送我到人民日报社参加新闻培训。我去了，就能让著名记者记住我，还给我留电话。一方面是有大学问的人都很随和；另一方面，这也是一种沟通的能力。有人说我的渴望程度总能打动人，以至于别人都想把机会给我。

从事了十余年新闻宣传工作，从省市级到国家级，新闻稿、通讯、评论、文艺、图片所有大奖拿完（同一年）。不是我比别人聪明，而是我比别人勤奋，是我向高人指教。下班后我会找编辑沟通：您这个版面需要什么稿件？碰撞后就有了新点子。所以当时我的稿件时常上各版头条，领导自然会关注。一次次好新闻真不是我个人的功劳，那是幕后有诸葛亮啊！编辑都支招了，目标明确，稿件基本百发百中。

现在回想，我与编辑是相互成就的！加上我擅长演讲，上台说的都是大家的心里话，鲜花掌声不断，在当时就叫吸粉吧。在新闻宣传岗位上，我真就锻炼了三种技能：坐下来能写，站起来能讲，走出门会办事。这背后的核心是：勤奋、善沟通、感恩。

（3）职场转型，贵人说：“你不去，失去了什么都不知道。”

一路高歌猛进，生育一再推迟。在生孩子后，我沉淀了一段时间，但心里又想做事。知道自己已到“天花板”了，更要命的是：我能清楚地看到自己退休后的生活。前面太多的人已向我活生生地演绎了，那些离开领导岗位和主席台的人，瞬间成为街头的大爷大妈，而谁叫我大姐我都难受。那不是我想要的生活。怎么办？先学习呗，学啥？心理学。

后来我的亲朋好友中有人患上抑郁症，我的所学更能帮上他们。那时我更感到自己的知识匮乏。

在这个时候，导师进入了我的生命中，她介绍了学费高昂的心理课程给我。我惊呆了！有这些钱我可以全家旅行，可以买一屋子的家电。我真诚地对她说：您让我欢喜让我忧。喜的是您想到我了，忧的是天价！导师说：“随缘吧！如果你不去，失去了什么都不知道。”这句话说到我心里去了，当时我特别渴望改变。于是我决定：去。

这次学习改变了我下半生的命运。元宵节去学习，青年节就办了离职。下半生，我想按自己的意愿而活。我的梦想是成为培训师、演说家、作家，后来都一一得到实现。

（4）创业失败，贵人说“我要帮你，因为你助人，所以得人助。”

离职后，我的状态出乎所有人的意料。大家预计我起码要花上一两年的时间才能混出名堂。没想到我用一年的时间天南海北地拼命学习，拿到了世界教练联盟ICF认证，进入了专业教练的圈子，结识了一群志同道合的朋友。有人形容我的成长速度像雨后的春笋一样。

我热爱讲台，从企业、机关、工厂、学校到乡村，我讲了百余场公益讲座。每周有一天的时间做妇联的巾帼志愿者，接待心理来访者。与此同时，我与上海的同好共同创建了中国幸福教练联盟，吸引比自己更优秀的人加入进来。我和我的伙伴培训了千余名幸福教练，我个人也被评为省级“三八”红旗手。

于是，我决定到省城创业。我的第一次创业，只能用“一言难尽”来形容。这时，我的贵人再次出手帮我。她坚定地说：雯立，你需要一个平台，我们提供给你。你来做阳光女校的校长，女企业家协会秘书长。你有能力给更多的人带来幸福。

那时我已花光了所有积蓄，认为自己是个灰溜溜的失败者。忍不住问她：我不想在你面前装，我是失败了的。你为什么要帮我?

她说："雯立，你的课帮了多少人啊！因为你助人，所以得人助。"听了这话，我的眼泪流了下来。

后来我开辟了自己的专栏，并开设"幸福生涯"系列课程。擦干泪，往前走，复盘，一路向前。

（5）再次创业，贵人说："你很优秀，成功是迟早的事。"

有人说我就是"打不死的小强"。现在我对幸福也有了更深的理解。我以为幸福是一种能力，通过心理学知识、教练技术是可以学到的。后来经历多了，更知道幸福是穿越痛苦的能力，没有经历过痛苦的幸福是不真实的，也是没有内涵的。

新的人生阶段，贵人再次出现。她全方位地对我好，从学习、生活、思维方式到身体保养，全方位为我着想。有什么好事都想着我。

学习上，她让我聚焦、专注，同时提醒我：不是一生只做几件事，而是要同时做好几件事。她建议我不要动不动说偶然，多说必然。学会规划，尽量少出意外，一切尽在把握中。

尽管她欣赏我工作的投入，还是时常提醒我废寝忘食不是优点，一定要照顾好自己的身体，适时调理。看中医都想着我！她也会直言不讳：我听出了你的情绪，这个问题我解决不了。你要面对、想办法。让我非常感动。

我梳理了自己吸引贵人相助的7 个优点：

① 形象好。一看就是正经人，靠谱。

② 会说话。擅长赞美和鼓励他人。人人都愿意被关注，被欣赏。

③ 爱学习。勤奋，闺蜜说这是我最大的优点，我没有一天停止学习。

④ 有梦想，并敢于说出来。那时我还没拿到普通话等级证书，就有机会担任市级人民广播电台直播节目心理谈话栏目主持人，且做得有声有色。

⑤ 执行力强。说到做到，信守承诺。踏实做事，不求回报。

⑥ 善于沟通。总问别人：我能为你做些什么？

⑦ 感恩。我的导师说：小鹿是最懂感恩的人。仅凭这一个优点就可以行走天下。

没想到我的贵人又给我补充了两点：

⑧ 能写会说，有较强的互动能力。

⑨ 能用柔性的态度解决棘手问题。

贵人主动出来夸我！

真心感恩遇到的所有美好的人和事。成功的人没有不敬业、不感恩、不诚信的，贵人不会无缘无故帮你。你要做的，就是培养自己的优点，吸引贵人来到你身边。

人在职场，不要老想着不顺就放弃，哪个团队都有问题，都有优点。心怀感恩，感谢职场给你平台，感谢伙伴给你支持配合。遇到问题先思考，只反映问题是初级水平，思考并解决问题才是高级水平。

职场离不开团队，与团队一起成长，一起探索，一起找寻幸福的真谛，团队成长的同时，也是你个人的成长。

3. 他/她的幸福与你有关

作为一名幸福教练，我接触了很多成功的女性，她们往往自身事业发展良好，家庭地位也很高，夫妻相互尊重欣赏。她们的幸福故事精彩纷呈。

另一方面，自由恋爱结婚的家庭，为什么会发展到拳脚相加？结婚多年，为何还能保持强大的吸引力？

当代女性这样冰火两重天的现象值得我们关注，女性的幸福影响着整个家庭的幸福及下一代的培养，女性没有幸福的两性关系，就没有幸福的人生。

两性关系是男女双方的互动关系。夫妻是最亲密的两性关系，两性关系的核心是尊重，两性关系和谐，人生自然幸福。两性关系不和谐，易引发灾难。当生命中有爱连接时，容易被满足。当爱可以互补时，人生最快乐。

（1）恋爱中的两性关系

很多年轻人不懂该选择什么样的人做伴侣。我的一位女同学，很早就显露出美貌，上学路上被人搭讪，结果只考上技校，且一毕业就嫁人。她的老公一生只做一件事，就是守住她。她不能做任何自己想做的事，更不能在别的异性面前展现她的美，她的一生被对方死死控制着。

我做工会主席时，有位英俊的小伙儿来要救济，一了解才知道他的老婆没有工作，生了孩子又不肯带。全家三口住在单身宿舍，妻子根本不管家务，还经常打麻将。跟他谈心时问他当初择偶时的想法，小伙子回答：我喜欢漂亮的。

你可以为爱痴狂，甚至“鬼迷心窍”，但结婚时，你必须考虑四点：

① 双方家庭背景、价值观、精神世界悬殊吗？如果悬殊会为日后的婚姻生活埋下隐忧。

② 在一起会有更好的发展吗？是沉沦还是提升？成功的很大因素是配偶！我的一位朋友恃才傲物，说话张狂。他妻子却贤良淑德，人前人后永远笑容满面地为他打圆场，把老人、孩子、朋友都照顾得很好。如今先生事业如日中天，妻子功不可没。为什么成功的很大因素靠配偶？人在半梦半醒时，大脑吸收信息是最快且无条件接受的。“枕边风”很厉害，接收的信息直接进入右脑，进入潜意识。所以说，你的配偶说的话不是摧毁你，就是激励你。对我们影响最大的人，前半生是父母，后半生是配偶。

③ 你的家人接纳他/她吗？婚姻不是两个人的事。从家庭观念上来讲，娶了一个女人，相当于娶了她全家。原生家庭作为人生中

的第一个团体，对个人产生着深远的影响。恋爱前是两个人，婚后要面对双方的父母。结婚不是两个人的事，是两个家庭的事。除非你力排众议，不要祝福。

④ 最后要考虑的是：他/她是你的梦想吗？你们有共同的梦想吗？共同的梦想是很多幸福婚姻的保证。

现实中我们还会遇到恋爱问题。每次都认真地动了真情，每次都隆重开场，却草草收场。这是为什么呢？

分手是亲密关系的结束。当亲密关系结束时，不必急于分手，也不必急于死守，而是要问自己：做好准备了吗？

分手的原因大致有以下几点：

① 个性、生活方式、价值观不同；

② 时空距离；

③ 失去爱的感觉；

④ 对方的爱有没有压迫感（因对方太好，不堪重负）；

⑤ 家人亲友反对（父母帮倒忙，都怕自己孩子受委屈）。

提出分手的人心情可能是歉疚、轻松、解放、担心；被分手的人则感觉被否认、愤恨、不舍、抑郁、伤心、想找答案，如果社会支持系统不到位，可能发生伤害、抑郁，甚至自杀。

建议主动提出分手的一方做到以下四点：

① 想清楚为何分手，避免自己情绪化；

② 态度温和而坚定；

③ 慎重选择时间和地点，以免对方情绪化；

④ 保持一段时间的真空。

而被动答应分手的人：

① 保持冷静，换位思考；

② 接受自己悲伤的心理反应；

③ 以正常心态管理情绪；

④ 让自己有一段时间真空期。

坚决反对死缠烂打，死不放手。不做感情的奴隶。放过爱，就是放过自己。放手得尊重，不放手，别人很痛苦，自己更痛苦。切记，君子绝交不恶言，不要说刺痛对方的话。

做爱情的赢家，不是情场百战不殆，而是懂得选择合适的对象，从感情经历中了解自己对感情的需求，并在以后的人生中经营成熟的两性关系，拥有更有品质的感情生活。

从分手的经验中学习成长：更懂得控制及表达情绪，更会体谅他人，更懂得保护自己。

① 爱不等于拥有

很多人以为有了爱就是拥有对方，以为拥有就有权操控对方，当操控对方不成功，就抱怨、攻击、伤害，同时内心难受。要避免走这条通道，要常常提醒自己：爱不等于拥有。

②“爱”与“情”

要求公平或平衡的，是买卖，不是爱情；坚持用对错处理问题的，是法庭，不是家庭。

“爱”是绝对的，无限制无条件的。有条件的爱只不过是一份想去操控对方的企图，印上“爱”字包装起来而已；“情”是相对的，是期待回报的，是需要做出平衡的。欠了的情要还，而爱是不会欠，亦无须还的。“爱情”两者具备，所以说不清，令人烦恼。

感情在结婚前后的不同在于，婚前爱比情深，而婚后情比爱多。

③ 做与不做

在自愿的情况下，为伴侣多做一些令对方多些成功快乐的事，爱情便会增长。但是对方没开口自动做的，加分；对方要求才做的，做了有可能减分。

婚姻出现问题，众人只把焦点放在“做了不该做的事”上，其实“没有做该做的事”的责任可能更大。美貌随着年华消逝，在这一过程中有没有在其他方面提升加分？很多人死要面子，不愿意学习提升，最后发现在思维学识能力上跟不上对方，却反而埋怨对方跟自己疏远了。

④ 婚姻并非爱情的坟墓

婚姻不是爱情的坟墓，而是爱情真正的开始。结婚是告诉全世界：我找到了看似合适的对象，请不要干扰我俩，让我俩能够好好地经营爱情，建立一个充满轻松惬意的家。彼此真诚讨论，不断找出新的“我愿意做的、做了对方会有更多成功快乐的事情”。

每天为彼此做点事，让爱情只增不减。这就是美满幸福婚姻的秘诀。

（2）婚姻中的两性关系

每个人进入婚姻的状态不一样，但既然选择了，就要经营好自己的婚姻。婚姻能让我们变得更强大，更有力量，更包容。

婚姻的四种状态：

① 成功型：爱、尊重、支持；

② 成长型：达到一个人无法达到的层次，即使分手也感谢；

③ 合伙型：利益共同体；

④ 索取型：索取成为应该。

当初爱的承诺，在时间面前失去作用。以为相爱，就应处处合拍，其实需要磨合。男人错误地期待女人按照他的方式思考和交流，并做出他理想的反应。而女人错误地希望男人以她们的方式感受和沟通，展现她希望的状态。然而，大家都忘了：你是你，我是我，每个人都是独立的个体。

男女在沟通上存在明显差异。男性的沟通方式是：

★ 说话上对下

★ 说话直接

★ 重表面含义

★ 重解决问题

★ 擅公开谈话

女性的沟通方式是：

★ 说话平等

★ 说话迂回

★ 重深层次含义

★ 重关怀了解

★ 擅私密谈话

男人与女人沟通方式最大的差别——对待压力的方式不同：

★ 男人的精神和意志力高度集中，变得沉默寡言

★ 女人心情紧张，情绪化。然而只要把问题说出来，就会得到宣泄

★ 女人觉得，非得把问题抖出来，才能卸掉心里的包袱

★ 男人觉得：女人太唠叨、喋喋不休，很烦

除此之外，女人希望男人多些理解，从而让自己身心获得舒适。倾诉与流泪，是女人减压、长寿的秘诀。

婚姻中的三种自我防御：

① 吵架。

② 逃避。

③ 麻木。

忍：家庭内妥协，代价最小。

争吵：不会吵，吵一次伤一次感情；会吵，吵一次加深一次理解。

另一半的幸福与你有关，就要了解男人和女人不同的心理需求，男人的三大心理需求：

① 被尊重、被崇拜；

② 温柔的对待；

③ 支持他的梦想。

女人的三大心理需求：

① 安全感：经济基础、情感唯一、健康；

② 浪漫：女人70岁也需要爱，喜欢听你喊宝贝；

③ 被关注被宠爱：哄她！女人需要哄。

重建幸福两性关系的三个建议：

① 解决好钱的问题

不是钱的问题，说到底还是钱的问题。贫贱夫妻百事哀。达成共识，做好金钱规划。

② 主动沟通

“小心眼”最伤人。不说：你根本就不……你从来都不……不指责，只是帮助对方看清自己。

③ 多讲正面的话

随时随地发现他/她的优点，并告诉他，营造温馨的家庭氛围。两把刷子最有效：赞美和鼓励。多讲健康、快乐的事。如：

你做饭真好吃。

你穿运动服真帅。

机关工作服你穿最好看。

家庭里哪些话少讲或不讲?

① 对方过去的事，尤其负面的事，不能哪壶不开提哪壶，比如前妻、前女友之类。

② 公事、正经事少讲或不讲。

比如，母亲是老师，一上饭桌就讲学生、学生家长。家人觉得她关心学生超过自己。作为老师的家人，最烦听到的词就是学生和学生家长。

幸福婚姻相处三件事：

① 吃到一起。

② 想到一起。

③ 玩到一起。

我特别感恩自己的婚姻，因为我先生，我得以走到实现梦想的路上。我所有的感恩，他都感觉得到。

婚姻是最好的修行。有痛苦有烦恼也有欢乐，最重要的是成长。

不管是恋爱还是婚姻，感谢陪伴我们成长的人。

4. 呵护你的亲密关系

人生活在各种各样的关系之中，关系的好坏决定生活的质量，生命的品质。试问我们平时是否处理好了各种关系？

所有的问题都来自关系，人类最重要的关系是与父母的关系，与伴侣的关系，与子女的关系。亲密关系均来自家庭生活。可能是最甜蜜、最快乐的，也可能是最失望、最痛苦的，一切取决于你如何经营。

亲密是一种需要，生活中可以没有高级轿车、名牌服装和豪华住宅。但是，要想幸福地生活，离不开亲密的人际关系，亲密关系是爱的艺术与被爱的愉悦，亲密是人们的一种合理需求和幸福生活的先决条件。

人们都渴望温暖人心、无与伦比的亲密关系。但是，很多时候，这种彻底的、无条件的自我分享似乎很难。我们要有意识地理解和体验亲密关系。我们将能够创造所有人都渴望已久的牢固的联系、强烈的喜悦和持久的同盟。

一位女博士嫁给一位已婚且低学历的男士，婚后生下一子，母亲来到她家中帮助她照顾孩子。她母亲总觉得自己的女儿吃了亏，怎么看女婿都不顺眼，经常在家中摆脸色，让女婿下不了台。丈夫将坏情绪转嫁到妻子头上，搞得这位女博士心中暗暗叫苦，形容自己像风箱里的耗子——两头受气。她已经不觉得母亲是来帮她的，简直就是来破坏她的家庭的。

还有一位女性公务员，母亲一直与她同住，丈夫待妻子的母亲极为和善，一家人过得其乐融融。可前不久公公突然在老家猝死，处理完丧事后，丈夫提出把自己的母亲接来同住。这让这位女性公务员很纠结，对婆婆与妈同住一个屋檐下充满了恐惧。

亲人无法选择，有时与亲人和睦相处比什么都重要。

心理学家为我们绘制了一幅关系地图：关系带来热情、共鸣、亲密、分享、接纳、着迷与上瘾，也带来依赖、愤怒、忌妒、哀伤、冷漠、厌烦和对彼此的控制。关系的发展阶段呈现出浪漫期、权力争夺期、整合期、冷漠期、分离期、超越期、承诺期和共同创造期的螺旋式生命循环。在关系里的我们，将回避看到内心最深层的渴望、过去未了的创伤和长期发展的模式，但这同时也是我们突破自我和深度发展最好的修炼场。

我们强调信心、分享、接纳与不带自我责难的个人责任，探讨如何创造并培养一份亲密关系，并在关系中呈现出爱的完整意义。在更切实际的时间内进入亲密关系。

现代社会人与人之间的关系愈来愈复杂，爱的含义也愈来愈含糊不清。人是社会性动物，“爱”与“被爱”是人的基本需求。然而，大多数人并不擅长处理亲密关系。于是，本应该带来美妙体验、快乐享受以及甜蜜回味的亲密关系，却往往带来的是失望、痛苦，甚至怨恨。有方法吗？有！培养一份亲密关系并不难，并没有什么高深的学问，人人都可以做到，只要用心去经营。

我们和亲密伴侣的关系，其实是自己和自己的关系，找到真我，认识到自己的内心，你和亲密伴侣的关系自然也就会改善。在爱与被爱的过程中，我们都曾经历过痛苦、恐惧，也体验过狂喜与极乐，我们渴望建立永恒真挚的亲密关系，却又害怕再度受伤。只有勇敢地面对，穿透自我障碍，才能用爱酿造幸福的秘方。**没有人能年复一年地活在热情、浪漫、甜蜜的亲密关系之中，但我们能在亲密关系的旅途中，学习面对自己最好以及最糟的特质，学习接受和放手，最终找到通往爱和幸福的桥梁。**

爱是恒久忍耐，又有恩慈。爱是不嫉妒，爱是不自夸，不张狂，不求自己的益处，不轻易发怒，不计较别人的错，凡事包容，凡事相信，凡事盼望，凡事忍耐。爱是永不止息。

呵护我们的亲密关系，理解、沟通、交流、包容、宽恕，用爱去经营亲情、友情和爱情，这就是自我成长的过程。生命就是关系，所有的问题都来自关系，所有的学习从经营好亲密关系开始。

5. 幸福的父母成就幸福的孩子

你问我出生前在做什么/
答在天上挑妈妈/看见你了/
觉得你特别好/想做你的孩子/
又觉得自己可能没那个运气/
没想到/第二天一早/
我已经在你肚子里

这是小学生朱尔写的诗。每当我读到这首诗，都觉得心里特别温暖。

因为从事幸福教练和青少年公众演说的教学，我与家长和孩子一直保持亲密接触，如何构建和谐的亲子关系是我关注的重点。每次我做亲子关系的主题演讲都座无虚席，演讲后还会被一群家长团团围住，解答大家的种种提问。我经常听到家长的种种担心，担心孩子的未来，他们要一直为孩子“把关”，替孩子做决定，以便及时调整孩子的人生航线。他们说，这都是为了孩子。其实，他们是要满足自己的控制欲，

“一切尽在掌握中”才是他们要的。家长以爱的名义掌控孩子的未来。这样的家长以自己的人生经验来评判孩子的表现，于是总能发现自己的孩子哪儿不对，然后热切地询问纠偏的方式方法。

有时候家长像是捡垃圾的人，他们自己分辨不出什么是宝贝，或者说不学习不成长的父母就是没有见识或见识极其有限的人。他们不会以欣赏的眼光看世界。

每个孩子都带着不同的密码而来，父母应成为发现孩子密码的人，焦虑的父母如何能发现孩子的天分呢?

每个孩子都是独一无二的。我教过的孩子有的天资过人，有的资质平凡，他们有不同的特点，不同的可爱之处。只是很多家长和老师的判断常常是一致的，以分数来定论优和良，以是否听话来定论孩子的品质。

有个爱打架的孩子来上我的演讲课，他平日用拳头与人交流，可一上台讲话就眼泪汪汪。在学校里，老师经常找家长，说他种种毛病，家长深感无奈。在青少年公众演说的课堂上，他发生了很大的变化，敢于上台大声演讲，并大胆说出自己的想法。孩子的妈妈哭了，她的孩子一直被老师否定，怎么会有如此优秀的表现?其实这孩子本身就有这样的资质，我只是打开他公众演说的开关而已。而教学绝不是仅仅教授一门技术，而是帮助孩子建立自信，心态比什么都重要。发现自我优势，才能充分展示真实的自我。而这一点偏偏是家长所忽略的。

我认为，幸福的父母才会成就幸福的孩子。

一个小学男生主动找到我说：“老师，你是心理师，咱俩谈谈呗！”他叫亮亮，我们就这样聊了起来。这时一位叫红红的小女生加入了我们的谈话。我摘录了他们两个人的对话。

亮亮：周末我妈妈为我报了三科课外辅导，下学期还有奥数。周末学四门，很累！

红红：学习是为了这一生有意义，老了好有钱花。

亮亮：听我说，我周末中午就只有一个半小时休息。我妈还希望我考什么外国语学校，真的很累。他们欺骗我，报了这么多门课。他们在逼着我学呀！

红红：你学四门，我学五门，可我并不觉得累。你是个宝箱，家长就是钥匙。

亮亮：这把钥匙太大，插不进去。施加压力，长大了有什么好处？

红红：家长管我们是为了什么呀？是为了我们成才！

亮亮：小孩子应有自己玩耍的时间。我有自己的QQ群，我想写小说。

红红：你是个生病的人，需要一碗苦药。

亮亮：不能让我太死板地学习。

红红：举个例子来说，面，硬让你吃，你会恨它一辈子。吃饱了吧，才有精神上课。其实，妈妈是一碗热面，是冬天的太阳。

亮亮：我还是感觉压力太大，觉得像背了一块大石头。

红红：你背的哪有我多，我学五门都没事。

亮亮：我为什么这么不快乐，都没有兴趣。

红红：慢慢会有兴趣的。

亮亮：我为什么要痛苦地接受这件事。

红红：你之前没跟妈妈好好说过吗？

亮亮：我妈骗我学的。

红红：你妈为什么骗你？课外学习可以交朋友，可以学知识，可以成才。

亮亮：我要精神崩溃了，这不是爱我。

红红：我们的父母总有一天会老的，我们长大后要有稳定的工作。

亮亮：那是他自愿的，可我不是（笑）。

红红：你笑什么，人不经挫折不行。

亮亮：我是苦笑。

红红：一朵花需要浇水。

亮亮：如果它承受不了，如果它被连根拔起，浇水还有什么意义。自由最重要。

红红：你自由了，没学问有意义吗？

亮亮：我们小孩子不该有太多压力。

红红：没有压力如何成长？

亮亮：学习可以自由面对。我成绩很好，可家长还想让我更好。

红红：你妈妈不爱你吗？

亮亮：爱是有的，可是……

红红：把“可是”去掉。

亮亮：爱得太过了，我的成绩是被逼出来的。我为此写过不少作文，弹过悲伤的曲子。

红红：你考几级，哪有那么多悲伤？

亮亮：小学要考完十级。

通过这段孩子之间的对话，我们大致可以了解他们各自父母家庭教育的风格。一味听话的孩子成就不会超过父母。他们对孩子通常有这样几种表现：

① 凸透镜下成长的孩子——被放大。

② 凹透镜下成长的孩子——被缩小。

③ 隐形镜下成长的孩子——散射。

④ 平面镜下成长的孩子——真实。

想想我们用什么样的镜子在看自己的孩子？世界上的孩子都是一样的，不一样的是父母。每一个生命都是神奇的种子，蕴藏着不为人知的秘密。

每个孩子都带着独特的密码而来，我们对此应当心怀敬畏。家长难免指责孩子，但最重要的是体谅孩子。你也曾经是孩子，为何你当了父母后，就忘记了自己也曾调皮，自己也曾经让父母头疼，你自己也有很多不堪呢？

将心比心，对父母来说相当重要。

幸福教练亲子关系技术：

★ 视：欣赏

★ 听：耐心

★ 嗅：接纳

★ 触：安全

★ 心：爱与感恩

① 亲子关系中的视觉语言

★ 孩子看到的世界和你的不一样

★ 让孩子看到自信

★ 视觉的亲子语言：欣赏

★ 营造美好的视觉环境

② 亲子关系中的听觉语言

★ 孩子听到的世界

★ 让孩子说出自己所想

★ 听觉语言：耐心

★ 营造美好的听觉世界

③ 亲子关系中的嗅觉语言

★ 孩子闻到的世界

★ 用香气来提升孩子的安全感

★ 嗅觉语言：接纳

★ 创造一个嗅觉花园

④ 亲子关系中的触觉语言

★ 拥抱胜过语言

★ 鼓励孩子用肢体语言表达爱

★ 亲子按摩

⑤ 亲子关系中的心觉语言

★ 孩子的心理建设

★ 感恩的力量

★ 让孩子学会爱

★ 孩子的成人礼

给父母的九点建议：

建议1：让孩子明确自己想成为什么样的人。

建议2：让孩子见想见的人。

建议3：让孩子明确想跟哪类人学习。

建议4：公众承诺——让周围所有人知道。

建议5：父母必须统一观点。

建议6：不断重复讲，讲多了就信了。

建议7：带孩子见识名山大川。

建议8：不轻易满足孩子要求，不许诺。

建议9：培养勇敢的男孩，培养有尊严的女孩。

附：

《论孩子》

——［黎巴嫩］纪伯伦

你的儿女，其实不是你的儿女。
他们是生命对于自身渴望而诞生的孩子。
他们借助你来到这世界，却非因你而来。
他们在身边，却并不属于你。
你可以给予他们的是你的爱，却不是你的想法，
因为他们有自己的思想。
你可以庇护的是他们的身体，却不是他们的灵魂，
因为他们的灵魂属于明天，属于你做梦也无法到达的明天。
你可以拼尽全力，变得像他们一样，
却不要让他们变得和你一样，
因为生命不会后退，也不在过去停留。
你是弓，儿女是从你那里射出的箭。
弓箭手望着未来之路上的箭靶，
他用尽力气将你拉开，使他的箭射得又快又远。
怀着快乐的心情，在弓箭手中弯曲吧，
因为他爱一路飞翔的箭，也爱无比稳定的弓。

6. 幸福与金钱

过去开门七件事：柴、米、油、盐、酱、醋、茶，现在最大的不同是“柴”变成了“财”。

“我最爱钱和朋友！”朋友直言不讳。

“不就有几个臭钱吗？有什么了不起！”吃不着葡萄说葡萄酸的人也大有人在。

“恭喜发财”“马上有钱”，谁听到这样的吉祥话都会开心，如何处理自己与金钱的关系，是人生的必修课之一。

有人说“金钱买不来幸福”，然而贫穷更买不来幸福。美国社会学家希克斯认为：金钱至少可以在物质、教育、娱乐、旅游、医疗、退休保障、交友、更强自信、更充分享受生活、更自由表现自我、激发取得更大的成就、为社会公益做更多贡献等方面，提高人们的生活水平。

“既有钱又幸福”，“有钱却不幸福”，“虽没钱却很幸福”，“既没钱又不幸福”，在这四种人里，你最想成为哪一种呢？

我注意到一些人有钱并不幸福。比如，张朝阳就曾发出感叹：“我什么都有，却那么不幸福。”在学习和应用心理学的过程中，我发现这不是钱的错。我更愿意去关注那些得到更多金钱而变得越来越幸福的企业家们，他们有很强的赚钱欲望，他们很喜欢钱，钱也愿意“光顾”他们。

“金钱是万恶之源”是一种消极的说法，它的引用也有错误，原来的说法是“迷恋金钱是万恶之源”。想挣钱是人本能的愿望，只是许多人认为“钱可以摆平一切”“没有钱解决不了的问题”。持金钱至上观念的人被钱迷住，却忘了不播种钱的“种子”，钱是不会自动到来的。

钱会毫不留情地离开花钱大手大脚的人。无计划的消费，就无法掌控手里现有的钱。有礼貌地付钱，能够表现出对这个人和对金钱的尊重。我每次付钱都是双手递给收银员的，彼此的感觉都很愉快。相信金钱也会观察别人是怎样对待自己的。

钱是一种有着“特殊意义”的东西，价值远远超出这张纸本身。你不爱它，它就不爱你。

金钱，你如何待它，它就如何待你。它不喜欢不受重视地被随手扔在一边，不喜欢与各种乱七八糟的票据卡片放在一起。不懂得尊重别人的人，就无法获得尊重。不懂得尊重金钱的人，就无法获得金钱的青睐。

善待金钱，可以轻而易举做些有效的事。比如，准备一个钱包。那是它的家，钱包可以让它更舒服。你让它舒服，它会让你更舒服。同时还要关注钞票，整理时正面朝上地码放钞票。

我们花出去的钱可分为三种：消费、投资和浪费。观察一个人如何分配这三种钱，就可以了解这个人会有怎样的未来。

消费，为等价交换，购买必需的商品。

投资，就是支出一定数额的金钱后，将来能带来某种利益，比如学习。

浪费，不会带来价值，也没有将来的利益。想怎么花就怎么花，比如饮酒作乐。

只会消费、浪费，完全不进行投资的人，是无法在将来获得成长的。这种人只会不断重复现有的生活，无法得到提高。同时我们也应该清楚地知道，一个人很难保证自己的每分钱都花在刀刃上。

我们都希望自己越来越幸福，那么当我们支出每一笔钱时，不妨停下来问自己一句：这是消费、投资，还是浪费？

我们可以成为一个既有钱又幸福的人，要让金钱为你的人生提供更多的选择，敢于大胆投资自己的梦想。感受金钱带来的快乐，比如，买房、买车、全家旅游等，同时感谢金钱带来的幸福生活。

如果觉得自己今生“不可能有钱”“有钱人没一个好东西”，那是对自身最大的限制。每个人都可以通过劳动和智慧创造更多的金钱。

处理好金钱的关系，尽可能减少浪费。

给予别人，自己也将得到更多回报。为社会服务，报酬会自动而来。这就如同白日总是跟随黑夜而来一般真实。如果我们可以吸引更多的金钱，那就要先付出更多。

分享一小段李嘉诚的演讲，我很有感触：

穷的时候，不要计较，对别人要好。富的时候，要学会让别人对自己更好。穷的时候把自己贡献出去，尽量让别人利用。富时要把自己收藏好，小心被别人利用。穷的时候，花钱给别人看。富的时候，花钱给自己享受。穷的时候一定要大方。富的时候，就不要摆阔了。

幸福的练习4：幸福的思维模式

它有一个别名叫幸福魔法棒。这个工具的理论，来自于美国心理学家艾利斯1950年发明的ABC理论。意思是，这个世界是A，C是结果，我们都以为是事件本身决定了结果，其实不是，是B，是我们对世界的认知，决定了我们的态度。我们的态度，我们的情绪状态，最终决定结果。

我们对它的认知不同，我们赋予它的故事不同。结果就不一样，所以你要找到自己的幸福，一定要搞定自己，搞定和周围人的关系。

曾经我的领导批评我，我很不服气，后来他对我说，因为觉得你是个人才，才批评你，才踹你两脚。如果不是，就视你为空气！我才意识到，不是人人都愿意这样帮你的。如果你对这件事情赋予的理解不一样，你的状态就不一样。

今天的思考题就出来啦。亲爱的，请你回忆一下，在你的生命中是不是有坏事变成好事的这种情况呢？我相信一定有，你要去回顾，而且要去复盘，要去总结。看看在这件事情上，你学到了什么。请记住，在任何事情上，不是得到就是学到。你要以学习的态度去关注你生命中发生的任何事情。这样你会更快成长，而不是稀里糊涂地过一天算一天，一年把同样的一天过365次。

Chapter 05

现在开始规划幸福

1. 幸福要规划

幸福要规划：一是明确幸福的方向；二是知道最重要的事，合理安排时间；三是迫使自己行动，把握好每一个今天；四是把靶心转移到成果上来；五是在没有得到结果之前，就能“看”到结果，产生信心、热情和动力。

在心理治疗中有一个工具叫“沙盘”，它的主体是一个四方封闭、深26厘米的沙箱，里面是干净的沙子，你可以沙盘上摆放任何你想摆放的玩具模型，构建任何你想构建的画面。“沙盘游戏”是心理分析的一种，沙盘游戏治疗是以荣格心理学原理为基础，运用意象（积极想象）进行治疗的创造形式，它是“一种对身心生命能量的集中提炼”。

在沙盘游戏中，来访者通常表现的是他当下的状态，而当下的状态所表现的情景往往是过去的经历或者思维模式。心理治疗师通常透过来访者沙盘表现出来的状况进行诊断和治疗。

可否尝试另一种方式，我们玩沙盘游戏完全不是为了疗愈过去的伤痛，而是以健康的身心状态，艺术性地演绎想要的幸福？

人在地面上看不见整个城市的全貌，而坐在飞机上从高处往下看，城市的全貌则尽收眼底。沙盘的奇妙之处在于——可以帮助我们从高处俯瞰自己的人生风景。我们要有意识地让自己有更多这样的体验。

如果幸福生活是我们的“事业”，我们在沙盘前尽可以发挥想象力大胆演练。每个人都可以成为沙盘演练的演员、导演、编剧、策划，发展局势尽在掌握中。玩幸福沙盘游戏一开始就要有全局观，知道自己在哪里，要往哪里去，中间可能会经历些什么，美梦成真时又是怎样的情景。

不妨尝试一下，如何在沙盘上提前推演自己的幸福美景。现在自己在哪里，五年后是什么样的风景，十年后又是怎样的画面，统统在沙盘上演绎一遍，并牢牢记在脑海里，甚至可以拍下你的沙盘。

国家有自己的五年规划，十年目标，作为个体也得有自己的规划和目标。五年、七年、十年后，你是谁？将来的你是由今天的规划决定的。

试着玩一把幸福的沙盘。所有的可能都在那里等你，只要你明确自己的核心点，就可围绕它来规划自己的幸福蓝图。

得之于心而应之于手。有了心的感应，那么手的表现就有了深远的意义和背景，可以说是“手”在表现，在操作，而“心”在倾诉，在表达。俗话说的“十指连心”“心灵手巧”，也就有了“沙盘游戏”治疗的独特意义。

手指连着心灵，透过手指看清你的幸福图画。这样再不会得过且过混时间，而是从容地下载新版人生导航系统。

现在就把一年、五年、十年的幸福规划在有形的沙盘上推演一遍，你将比任何人都更早地看到属于自己的幸福。

这个游戏有助于明确自己到底想要什么，发现自己到底是谁。这个过程是幸福规划的一部分。做游戏，有意思。做自己的梦，有意义。想明白了再决定，决定了就行动。

2. 给自己一个幸福的目标

一切梦想的实现，都是达成一个又一个目标的结果。目标达成的成就感，带来高品质的幸福体验。

“成功就等于目标，其他一切都是这句话的注解。”这是美国潜能大师伯恩·崔西的名言。

我们需要目标吗？或许人生随遇而安更好？

我也有这样的疑问。我在自己身上做过这样的实验：第一年设目标，第二年不设目标，看看生活有什么不同。设定明确的目标时，就必须采取行动。行动的过程中遇到各式各样的困难，当然必须面对和解决，这一年我完成了90%的目标，某些部分远远超越年初计划，发自内心的喜悦和成就感油然而生。那是一种幸福。目标总会带来压力，有时候会很累。我试着不要目标，放松一下过一年，看看结果又是怎样，最终发现自己这一年的能量完全没有发挥出来，虽然轻松了，却并不快乐，反而更加惆怅与纠结。

明知可能是这样的结果，但亲身经历让我更加确信：人生就像海洋，有目标是航行，没有目标是漂泊。每个人身上都有惰性，也都有潜力，没有目标时更愿意放纵自己的惰性，潜力自然被埋没。年轻人一定要有自己的目标和方向，越具体越好。

哈佛大学有一个非常著名的关于目标对人生影响的跟踪调查。对象是一群智力、学历、环境等条件都差不多的年轻人，让他们穿越一片玉米地。他们的差别在于一些人知道为什么要这么做，一些人不清楚或不很清楚。调查结果发现：27%不清楚目标的人没成功，60%的人目标模糊，10%的人有清晰但比较短期的目标，3%的人有清晰且长期的目标。

25年的跟踪结果显示，他们的生活状况十分有意思：3%有清晰且长期目标的人，几乎都成了社会各界的顶尖人士，其中不乏白手创业者、行业领袖、社会精英。10%有清晰但比较短期的目标者，成为社会的中上层。他们的共同特点是：短期目标不断达成，生活状态稳步上升，成为各行各业不可或缺的专业人士。60%目标模糊者，几乎都生活在社会的中下层，能安稳地工作和生活，但都没有什么特别的成绩。而27%没有目标者，几乎都生活在社会的最底层，过得很不如意，常常失业，靠社会救济，并常常抱怨他人、社会和世界。

我身边一位朋友看到晚报刊登对我个人的宣传报道，他立下一个目标：晚报对他的宣传报道。结果三个月就实现了！因为他确实很优秀。

他本身就很有才华，确立了目标就努力为达成目标而行动，于是成全此事的人就纷纷出现。最终他达成了小小愿望。这真是个奇妙的过程。后来他坚持明晰目标，所有的人都在见证他不断达成一个又一个目标。每次他都会与我分享达成目标的感受，也让我得到更多的正能量滋养。

目标对生活有巨大的导向性作用。

今天的生活状态是过去目标的结果，明天的生活状态是由今天的目标决定的。目标是行动的导航灯。

没有目标就会随波逐流。几乎失去机遇、运气和别人的支持。大海中的航船，如果不知道靠岸的码头，就不知道什么风对它来讲是顺风。

我们大脑里的信息不是积极的就是消极的，如果没有一个幸福快乐的计划，痛苦和恐惧就会乘虚而入。这正是伯恩·崔西的“替换定律”，即：你必须用一种想法替代另一种想法，用渴望代替恐惧。当你专注于你所期待的事情上，你的恐惧和绝望就消失了。

我每年都会约好朋友一起写目标，然后做彼此的见证人，随时分享目标的进展情况。

“千万不要高估自己一年所能做的，也不要低估自己10年所能完成的。”世界潜能开发大师安东尼·罗宾的话对有目标、有梦想的人是最好的激励。

3. 每天十分钟白日梦

想象就是一切，它就是生命的预览。

——爱因斯坦

有能量，才会有梦想。做梦是免费的，它能带来无限的可能。

有一些电视节目如《舞动我人生》《中国梦想秀》等，都能从中看到许多平凡人圆梦的故事。人生最幸福的瞬间是梦想真实呈现的那一刻。

有一个10岁的小学生，他在课堂里说他的梦想是当外交官，可以到世界各地游览。我问他中国的外交部部长是谁，他不知道。后来我送他《中国日报》的报纸，他告诉我他要学好英文，练习演讲，后来他把外交部部长的照片也贴在了床头，以此激励自己。

每逢寒假，我都会培训学生学习公众演说，培训的效果让家长吃惊，他们说："这些天我过着周而复始的生活，而孩子每天都在进步。我不如孩子！"孩子的能力是本来就有的，老师只是将它开发出来。然而大部分家长看不到孩子的天分，他们以成人的思维方式来看待孩子，关注的都是自家孩子不如别人家孩子的地方，对自己的孩子有太多的挑剔。他们想改变孩子，如同改变自己的未来。他们自己不具备的优势希望孩子有，自己没达成的愿望希望孩子完成，他们的期望成了对孩子的隐形暴力。

生活中，很多成年人缺少梦想，业余时间更愿意聊天、评判他人、打麻将、看电视，以此打发时间。而有梦想的人，总感觉时间比金子还宝贵，拼命争取时间多学点多做点，一点点靠近梦想。努力是为了可以选择，而不是谋生的工具。

很多人都不敢有梦想，三四十岁就觉得自己这辈子就这样了。想认命，心中又有不甘，于是纠结、郁闷、抱怨，于是负面情绪随之而来，接着又吸引相同状态的人，生活圈子里负能量的人越来越多。结果自己的正能量被拉低，同时又无形中拉低了别人的正能量。

我认识一位生产一线的工人，他很爱唱歌。那时企业效益不错，为了一台金秋晚会送他到音乐学院进修3个月。这场晚会让我记住了这个朴实的小伙子，后来听说他回到班组后，经常下班后一个人在澡堂高声放歌，他太爱唱歌了！工友给《中国梦想秀》发了封邮件，没想到节目组竟意外出现在他的班组，他被请去浙江卫视。在舞台上，他感到梦想成真的喜悦，对他来说那就是一个梦。很多人都觉得太不可思议了，但这就是真的。

在美国，有位家喻户晓的“摩西奶奶”，她原本是一个农场工人，喜欢刺绣，在76岁时因关节炎不得不放弃，开始绘画。80岁时她在纽约举办个人画展，引起轰动。她共创作了1600幅作品，在世界各地的博物馆展出。她说："做你喜欢的事，上帝会帮助你打开成功之门，哪怕你现在已经80岁了。"

现实生活中，很多人不敢做梦，有也不敢说出来，怕被别人嘲笑。梦想之所以是梦想，是因为很美很远，且需要付出大量的努力和机遇才能实现。

有梦想的人一定是充满正能量的，这样的人具有诸多优秀的品质，如热情、勇敢、坚强、坚定、善良、阳光等。同时还有一个大前提——在压力下。

每个人在生活中都会遇到压力，有发展的障碍，如何面对且转化成资源，是生命成长最重要的课题。打开梦想开关，有一把关键的钥匙，那就是明确目标，越清晰越好！

4. 我要一步一步往上爬

写下这个题目时，耳边响起歌声：我要一步一步往上爬……

我被这个动词“爬”打动了，因为那个“我”是一只蜗牛。小小的天有大大的梦想，再慢，都要朝着目标爬去。因为不容易，决心才更大，信念才更强。

如果蜗牛都有目标，那人呢？有奔头，人活着才带劲。因为知道要往哪里去。

这让我想起了朋友老言。前日我到省博物馆，发短信给他：我来了，在你的地盘。他回：在哪儿，我来找你。

一年前我就知道他到这儿来了，可我一直很忙。每次经过省博物馆，我都在想：我有个朋友在这儿，他过得很幸福。他的天堂就是博物馆。

七年前，我们同在家乡三四线城市，我是国企的宣传部部长，他是市博物馆馆长。七年后在偌大的省博物馆大厅再见，我对他说：这里特别适合你。他笑答：我也这么认为！

还记得在家乡初次见面时，几个朋友围坐在一起听他谈起自己的宏伟计划。我被他感染的同时，一边想，这太难了，能成吗？直到现在我都记得，他两眼冒光、绘声绘色地说要建一座中国西部最大的博物馆的样子。

现在回想，当一个人知道自己目标的时候，他在哪里并不重要，重要的是他对此坚信不疑，反正迟早他会到达。

老言是一个有创意、有梦想的人。即便每次自嘲是个干活的苦命人时，他都是面带微笑，极少抱怨。

当时我们都说过想离开家乡，到更高的平台施展抱负。今天我们都在以不同的方式往前走，不断放大自己的梦想。如今我们都太忙了，虽不常见面，却彼此关注、欣赏。

从一位职业生涯规划师的角度看老言，他做到了人职匹配，也就是先让自己配得上这个职位。

老言完全满足新职位的高要求：有丰富基层工作经验，工作作风深入扎实，关键是有创意、有担当。老言把一个三四线城市的博物馆管理得井井有条，获得了诸多国家级大奖。他总是站在更高的维度布局，不断交出亮眼的成绩单。

跟老言干活并不累，老言善于与人沟通，总能让上级满意、下级支持，自己也有成就感。

我见过老言受挫的时候，如今再看到他，发自内心地为他点赞。

当然这个职位也满足了老言的需求。他说：鹿老师，如果我还在老家，就只有等退休了。向下我只能去区县，往上最多是到省城开个会，是个过路人。现在，我向下走可到各地市州，往上能与全国、全世界的博物馆同行交流。优秀的人太多了，要更新的知识和观念还有很多……

他说自己很累，却一直在微笑。看着他就知道什么叫“累并快乐着”。应该说是幸福，幸福是有意义的快乐。

他说我是一个爱折腾的人，不屈从于命运，坚持做自己。他向我竖起了大拇指：就要这样！有种陷阱叫安逸。环境太好了，一切得来太容易就不懂珍惜。千万别在奋斗的年纪选择舒适的生活，未来我们有大把时间岁月静好。要奋斗、拼搏，要一步步往前，要上到更高的台阶。平台不一样，“网速”都要快得多！

突然想起我们共同的朋友写过的一篇文章《到高处去》。

> 到高处去，不仅仅是为了看风景，更是为了遇见你生命中重要的人。他们与你同在一个高度，或者更高，你必须努力靠近他们所在的高度，才能拥有与他们平等对话的权利，他们才能听到你的声音。到高处去，去和优秀的人为伍。优秀的人是一束光芒，会明亮和温暖你的整个世界，让你再也不想回到黑暗和寒冷之境！

幸福，就是越过痛苦，登到高处。

白来的好处，你感受不到它的好。幸福，通过努力方能体会它的珍贵。哪怕是一只蜗牛，都要一步一步往上爬，相信有属于自己的天。

“我要一步一步往上爬”的经历就是幸福。

5. 你不规划人生，人生就会被规划

一个人若看不到未来，就掌握不了现在；一个人若掌握不了现在，就看不到未来。幸福不是中大奖、撞大运，如果一个人没有规划，就只能被生活裹挟着推着往前走，哪黑哪歇。

我做生涯规划的工作坊经常会带大家做一个体验：5人一组，各自在白纸上画出3~5年后自己的生活。大家以为可以有几分钟的时间安静地画下去，谁知渐入佳境时，导师突然叫停，要求把手中的画传到下一位手中继续画。这时到你手中的就是别人的画了，因为没有时间沟通交流，你只能按自己的想法画。这样连续5轮下来，那张画再次回到你手里时，结果可能出乎你的意料。

有人说：太好了，这就是我想要的。我想当老师，画了讲台和黑板，后面的朋友就帮我画上了很多听众，还有麦克风！

有人说：这不是我要的！我想画的是咖啡馆，没来得及画完。后面的朋友理解错了我的意思，他们画成了一座庙，连香炉都画上了……

如果连你自己都没明确要什么样的生活，怎能苛求别人理解你、支持你。

不确定的时代如何活出幸福？幸福要规划，就是要在不可控中自控。凭什么不惧未来，只因目标明确，左手握有A方案，右手攥着B方案，包里还有C方案，随着变化见机行事，顺势而为。

有规划的人生是蓝图，没规划的人生是拼图。如果心中没有一个城堡的形状，手中握有再多积木都没有用。很多年轻人拥有太多太好的资源，但因为内心不知将去何方，导致最终走错了路。

幸福要规划，你得知道自己的目的地是哪儿，如何到达？

前提是你得了解自己是块什么料，并相信无论是金、土，还是玉，都有自己独特的价值。

了解自己，是每个人都应该做的功课。如果把自己比作一台车，你要了解这台车是什么牌子？奥迪、大众、吉普，还是奥拓？你要开往哪里？途中会遇到什么样的路况与气候？是否有备胎？等等。

在生涯规划中，有一个简单明了的“车日路”模型：“车”即是你自己，“日”即是目标，“路”即达成目标的路径。无论你去海边、大漠、山顶，或是在摩天大厦上看日出，这条路不可能是笔直的高速路，它一定是曲折的，你需要明确拐点在哪儿，遇到突发事件时，是否有应对措施。

“我该选哪个？”很多人在升学、择偶、选择职业等重要关头会问父母、朋友、老师。这是典型的“伸手党”，对自己的未来都不愿意动脑。自己的人生，怎么能把选择权交给别人呢？

你不了解自己的兴趣、不明晰性格特质、更没梳理过自己的价值观，很可能会想当然地选择“以为很好”的选项，殊不知人家眼里的

"好"根本就不适合你!

"选什么"是战术问题，在此之前需想3个关键的战略问题:

① 我有什么?

② 我凭什么?

③ 我需要什么?

如果没想好以上3个战略问题，直接奔战术问题"怎么选""怎么做"，就会本末倒置。不要用战术上的勤奋掩盖战略上的懒惰。

前不久，我在一所著名的大学任生涯规划大赛的评委。坦率地说，大学生们还很稚嫩，但后生可畏，他们懂得规划自己的未来。他们认真做了性格兴趣测试、价值观排序，还进行了职业访谈，最终从自我认识、专业能力、职业定位、计划等几个方面，针对未来职业方向做了自己大学阶段的生涯规划。当大部分人还在茫然时，已经有人做好了规划，朝着心中的太阳奔跑了。这时有规划与没规划的人已经拉开了差距，而且会越来越大。

很多人不知道自己有什么，看不到自己的资源。看似每天周而复始地忙碌，实则内心无比虚弱，因为不知道自己将往哪里去。有人说：21世纪最大的灾难不是火山、不是地震，而是太多太多的人，带着巨大的潜能来到这个世界上，然后又几乎原封不动地埋入土中。

"我也不知道自己喜欢的是什么?""我也不知道该选什么?"怎么办?这恰恰是一个了解自我、探索自己的过去、现在与将来的机会。

（1）自我发现。知道自己是个什么样的人。可以通过性格测试、职业兴趣测试、优势测试了解自己的性格、特长与才干。这些科学的测评工具，可以帮助你更好地了解自己。

我和好友做了以上的测试后，对自我和彼此的了解大大增强。我们在合作上原来有不合拍之处。她一再强调某事很重要，而我认为那对我来说是件很容易的事。比如她过节时一再打电话强调某事，而我认为她打扰了我与家人共处的时间。当我们做完测试后，我理解了她的敬业，她了解了我的专业。我说：你对我真好。她说：你对我才好！我们都感到幸福的心流，更加珍惜这份友谊。

（2）发现榜样。从一个人的偶像崇拜中可以大致判断他 / 她是一个什么样的人。你不只要关注可望不可及的偶像，同时要认真寻找你身边够得着、摸得着、能搭上话的偶像，他可能是你的邻居、上司或老师。因为他们最真实、最具体，他们是做出来的。他们的经验和经历可以帮助你拓宽视野，并提供参考意见。

寻找你身边喜爱的职业领域或生活方式中的榜样，做好功课去采访他们。身边的人无法给你艺术照，你会看到最真实的生活照。现实会告诉你，影视里的“律政俏佳人”或杂志里“全职太太”与生活中的大不相同。掌握完整的信息后，方能理性确定你要什么样的未来，什么样的生活是你真正想要的。

（3）明确目标。在你擅长的领域发挥。明确自己的性格、优势、才干，在访谈过身边的榜样后，结合你的年龄、生涯发展阶段，再明确自己的职场与生活目标就清晰多了。

先问自己：这一生我想成为什么样的人？我想要的生活是什么样？我如何与理想中的自己相遇？

以我为例，我很幸运做了喜欢的、擅长的、助人的事业，并得到了家庭的支持、导师的指点。当然这一路走来流过泪、掉过坑，但再苦再累我都心甘情愿。多年的新闻宣传工作，锻炼了我说、写与沟通的能力，好学、敬业、勤奋是我的核心才干。二次创业聚焦开启全新的人生规划时，我以前所有的积累都充分发挥了作用。心理学、教练技术是我的所爱，同时，我又是善于与人打交道的社会型性格，清楚地知道自己无论经历什么，都终将会幸福。

（4）寻求帮助。专业的事可以交给专业的人来做。生涯规划在国外有100余年的历史，而在中国只是近10年的事。对大部分人而言，并不清楚人生需要规划且如何规划，如果认为自己这方面的专业知识不够，不妨大胆求助专业的生涯规划师，这比自己在黑暗中苦苦摸索有效率多了。你可能冥思苦想都想不明白，经验丰富的咨询师几步就让你豁然开朗。明晰自己有什么、要什么，活明白，是这一生最重要的事。

终有一天我们将离开这个世界，那时你的墓志铭上将写下什么呢？每个人都是自己人生剧本的导演，主动权在自己手上。

为自己设下目标，带出希望。所有的行为将会凝聚在这个希望周围，生活就会活出意义，活出幸福。

幸福的练习5：生涯五问

请停止盲目努力，你的人生需要再设计。

问自己以下5个问题，明确自己的生涯规划：

① 我有什么？

② 我要什么？

③ 我凭什么？

④ 选哪个？

⑤ 怎么做？

前三个问题是战略问题，后两个问题是战术问题。请记住：不要用战术上的勤奋去掩饰战略上的懒惰。

Chapter 06

心态对了，幸福就对了

1. 幸福没有那么难

我有两个朋友，一个哭着喊着要当老师，一个哭着喊着不要当老师。

哭着喊着要当老师的人，没有机缘读师范学校。后来进入一所民办学校讲授阅读与写作，终于达成了他的梦想。他说是神拣选他站在讲台上，他愿意拿命来讲课。学生都很庆幸遇到这样的好老师，家长更是感恩他对孩子们的影响。

哭着喊着不当老师的人，毕业于师范名校，有才华也有个性，全省业务评课第一名，前途一片光明。但是他还是离开了讲台，去了电视台。他说："我做梦都是在电视台，而不是我在讲台上。"

有时，幸福就是成为自己想成为的人。

我们幸福私塾的学员代晓慧老师，她是一所国家重点中学的物理老师，她说最幸福的事情就是喝茶和研究物理。最幸福的事是你的事业与兴趣相匹配，那样幸福对你来说就是一件轻而易举的事。

作为一个幸福教练，一个追寻幸福、探索幸福、渴求幸福的人，我经历了三个阶段。第一阶段：我认识到幸福是一种能力，这个能力是通过学习可以获得的。比如说学习心理咨询，学习教练技术，有很多工具是可以运用出来的。所以我在这个阶段疯狂地学习，因为学习本身就能给我带来幸福感，如果把我学到的东西运用出来，我就感觉更幸福，而且很幸运。

第二个阶段，幸福是穿越痛苦的能力。如果没有痛苦，你的幸福就很单薄。老婆孩子热炕头，你就幸福了吗？请问：你为这个世界做了些什么呢，你为父母做了什么，对家庭做了什么，对社会做了什么，对国家做了什么，有一天你离开这个世界会留下什么？这世上没有那么多的平平淡淡才是真，平庸与平淡是两个概念，有经历的人，才有资格说平平淡淡才是真。大多数平庸的人，用平淡掩盖他的无能。说岁月静好，我觉得这真不是青年壮年该想的事儿，因为世界变化太快了。

这世界每出现一个工具，就会产生一个鸿沟。把一群人带到另一边，把另一群人留在原地。如果你不思进取，谈什么岁月静好，那就是自己骗自己。现在哪有那么多岁月静好，未来，你有大把的时间发呆，现在我们要适应这个变化。

第三个阶段，当你把这种能力用出来时，就可以创造出有意义的快乐。有意义的快乐才叫幸福。

女儿跟我反馈：你们大人真有意思，明明看电视节目你也笑了，然后扭过头来说“以后别看这种没意思的东西”。

她的话让我反省。这个节目确实让你笑了，可笑过之后没有留下任何有营养的东西，这就是所谓的快餐文化。现在的资讯有两种，一种是抢占你的时间，消磨你的时间；一种是节约你的时间。我的一个朋友曾经上了一档非常火爆的电视节目，有人好心发到群里分享，他说：“快删了吧，没营养。”而我们的幸福私塾课程，就是在帮助大家节省时间，我只分享我做的，所以它真实、落地。同时，我们强调学员要有辨识力，学会在现实生活中求证，把所学用出来才是自己的。

什么是幸福？有人说：幸福是有事做，有人爱，有问题可想。也有人说：幸福是通过努力让生活一步步变成自己期望的样子。赞同！请留意这样几个概念，第一，自己，这个幸福是由自己来定义的，而不是别人。其实，幸福是源自于你的内在。第二，期望的样子，你可以改写自己的人生剧本。通过学习会打开你的脑洞，让你有意识地去做自己人生剧本的导演。第三，一步步。请记住，幸福是结果，更是过程。

我曾经问过很多朋友这样一个问题：亲爱的，未来10年，也就是10年后，你在哪里，你在做什么，你能想象自己的模样吗？很多人都一脸茫然，说不敢想。最多想想那时可能有孩子了，孩子多大了。亲爱的，你不是父母的续集，也不是子女的前传，更不是朋友的外篇。请问你想成为什么样子？尼采说：对待你的生命，不妨大胆和冒险一点，因为最终，好歹你都要失去它。那么，我们是不是这一生要过得更有意义，让自己更踏实？幸福就是活出自己。

我特别喜欢特蕾莎修女的《不管怎样》：

人们经常是不讲道理的，
没有逻辑的以自我为中心的。

不管怎样，你要原谅他们。

即使你是友善的，

人们可能还是会说你自私和动机不良。

不管怎样，你还是要友善。

当你功成名就，

你会有一些虚假的朋友和一些真实的敌人。

不管怎样，你还是要取得成功。

即使你是诚实和坦率的，

人们可能还是会欺骗你。

不管怎样，你还是要诚实和坦率。

你多年来营造的东西，

有人在一夜之间就会把它摧毁。

不管怎样，你还是要去营造。

如果你找到了平静和幸福，

他们可能会嫉妒你，

不管怎样，你还是要快乐。

你今天做的善事，

人们往往明天就会忘记。

不管怎样，你还是要做善事。

即使把你最好的东西给了这个世界，

也许这些东西永远不够。

不管怎样，还是要把最好的东西给这个世界。

2. 让积极思维成为习惯

有人这样形容生活：生下来，活下去。

人一生有四个目标：

① 活下去；

② 快乐地活下去；

③ 在这个社会中活下去；

④ 在这个社会中升上去。

可很多人还没到第四个阶段就消沉了。他们被眼前的琐事所迷惑，因为看不到希望。

你的内心是什么样的，看到的事实就是什么。你的关注点在哪里，事实就在哪里。

当一个人改变对事物的看法时，事物和其他人也会对他发生改变。如果一个人把他的思想指向光明，就会很吃惊地发现，他的生活在变得光明。人往往自我设限，用一个虚构的笼子罩住了自己，最后需要自己跳出笼子或别人打开笼子才能出来。

我们需要自己把握心灵的四季，随时保持阳光心态，要知道事情本身没有好坏，关键看你怎么看待它。面对突发事件时，你可以告诉自己：事情是好是坏还不知道呢？这样想，就会看得平淡一些。

事情的好坏就像硬币的正反面，完全取决于你的心态。换个角度可以改变看法，找到快乐。人们过于看重结果，其实享受过程更重要。生活质量取决于每天的心境。

学会正向思维，是人生的财富。把注意力放在积极的事情上，对你来说，你注意到的事情是发生了的事情，注意力等于事实。忘记如同摄像，注意力决定选择，选择决定内容，注意力等于事实。

生活像一道大餐，充满酸甜苦辣各种味道，吃什么是你自己的选择，没有人强行往你嘴里塞东西。选择什么你就得到什么，选择积极得到开心，选择倒霉得到糟糕，选择什么样的态度就会得到什么样的结果。如果你寻找快乐，你就会有寻找快乐的理由。如果你寻找痛苦，你就会有寻找痛苦的理由。一个消极的人，会从快乐中寻找不快乐。一个积极的人，会从坏事中看到希望。有什么样的态度，决定了你有什么样的人生。如果你说自己是个倒霉蛋，你会找到无数的事实证明你绝对是个倒霉蛋。如果你认为自己是幸运的，你会找到足够的事实证明自己就是幸运的。

心态是我们应对各种人生际遇的态度，如果放弃正能量的心态，注定一开始就已经输掉了一半。人生是来追求幸福的，也是来迎接痛苦的。我们要学会心平气和地接纳痛苦和烦恼，从绝望中寻找希望。

态度不仅决定事业高度，也决定自身的价值。个人在工作环境中，态度不仅仅是自己的问题，还会影响到大家的工作氛围。如果我们被别人的语言伤害了，那其实是自己的心态伤害了你自己。你要清楚这一切，保持内心的平和，微笑地为对方灭火。

不要听失意者的哭泣，抱怨者的牢骚，也不能被他传染。个人的经验阅历是个人心态的润滑剂。世事通达，方能拥有阳光心态。阳光心态是以积极进取为基础的。知足、感恩、达观、积极是阳光心态的最佳表现。

思想决定行动，行动决定习惯，习惯决定性格，性格决定命运。经常烦恼是个习惯，经常愉快也是个习惯。习惯分两类：思维习惯和行为习惯。思维模式的转变是根本的转变。为了让自己更快乐，缔造一个好习惯，记得提醒自己要有意识地培养积极思维、阳光心态，用心灵的眼睛看到预期的美好。

要想造福一方，首先要造福自己。你自己内心充满正能量，才能释放正能量。随时保持阳光心态，积极铸就力量。

柏拉图说："好的心理是一剂良药，能催人奋进。"生活就像一面镜子，能真实折射出你心中的每一个闪光点。让积极思维成为你的习惯。当你慢慢将正面的能量聚集起来，你就会发展壮大。

3. 感恩之心离幸福最近

我常听到这样的话：“我认同做人要感恩，可我真的没感觉！”

所有的成功，所有的幸福，都需要与感恩同在，有一颗感恩的心。

感恩，穷尽一生也不能把这个主题说清楚。对父母、对伴侣、对子女、对公司、对社会，我们要感恩的实在太多太多。不知感恩是因为麻木，不懂感恩是因为无知，不会感恩是因为迷茫，不能感恩是因为内在没有力量。

家庭、事业、社会，要感恩的太多太多。在感恩课中，我经常与大家分享**打开感恩之心的六把金钥匙：珍惜、感激、原谅、忘记、发现、接受。**

感恩我的父母兄弟。我的父亲是一位学识渊博、兴趣爱好广泛的工程师，虽然当时并不富裕，但父亲每次出差到北京、上海，除了带回好吃的之外，还会买来很多唱片。收音机和录音机丰富了我的童年，我的语言表现力和对文艺的爱好，多半来自于父亲的熏陶。有一次，父亲从北京出差回来，告诉我带回了我想听的磁带。父亲是随着三线建设大军来到攀枝花的，当时物质条件极其匮乏，却舍得在女儿身上投资。我的母亲是一位严谨的教师，她把教学看得很重要，这对我日后走上讲台也有着非常大的启蒙作用。

感谢我的老公。他一直相信我、支持我。在我离职在家赋闲期间，他坚持请清洁工做家务，让我腾出更多的时间学习。那段时间，有企业聘请我去工作，他说了一句让我特别感动的话："这好像跟你的梦想不在一条道上。"我经常出差到全国各地学习、讲学，他就自动承担了家务。特别是在写作此书期间，他早上出门前会把我的午餐做好，他知道我进入写作状态想不起吃饭，更没时间做饭。如果成功的第一要素是配偶，那么他就是老天给我定制的礼物。

感恩我的孩子。我常说自己超水平发挥生了个可爱的孩子。她聪明、漂亮、健康、可爱，因为她的存在，让我必须做一个成长的妈妈，一个家庭和事业平衡的好妈妈，努力成为她的榜样。也因此，我更专注幸福教练的亲子课。孩子是天使，她是我们最大的梦想。

要感恩的人和事还有很多，我的恩师、我的合作伙伴，培养我的园丁。没有她们，就没有今天的我。

感恩之心离财富最近，感恩之心离幸福最近。

感恩教育，让更多的人认识到自己生命的意义和人生的价值，感恩一切，把爱传出去。

请思考生活中的某一时刻，是否感恩过？对于一些有宗教信仰的人来说，感恩会与信仰连接，经常处于感恩的状态中。而另一些人，他们可能不会对任何事情感恩。有人将感恩描述为一种对此时此地、当下的活跃存在的感谢。感恩是及时说谢谢，感恩是不辜负。

寻找自己曾经百分之百被爱过的感觉。因为很多无法接受爱的人，都是因为忽略自己也曾被爱过的感觉，将这种感觉再次深植于潜意识中，你会发现爱的美好。感恩，让我们强化爱的能量，去创造真正想要的“理想生活”。

4. 好好活着，幸福的底线

有人说把幸福定义为活着就是幸福，底线太低了。

写到这里，不由一声叹息。我跟朋友也曾探讨过这样的话题，她说好好活着就是幸福这个要求一点也不低，她先生是位外科医生，经常看到突然失去生命和健康的人。任何事情在生命面前，都变得不那么重要。

为了好好活着，我们不妨思考一下死亡。朋友说他有接近死神的经历，突遇车祸，产生昏迷、幻觉，想着妈妈的好，却还没来得及报答。手紧紧地掐着救援的人的胳膊，因为不想走。

认为好好活着算不上幸福的人，或许是没有遇到这样的事，没有这样的体会。

有件事对我触动很大。那是2008年5月17日，是“5・12汶川大地震”后的第五天，也是我的生日。当时老公在成都工作，我和两岁的女儿、80岁的婆婆在攀枝花生活。婆婆虽年事已高，但思维敏捷，行动利落，我跟她老人家的生活完全可以编一部充满生活气息的电视剧。那时我们俩经常讨论电视剧的故事结局，在这方面很有共同语言。唯有在抚养孩子的问题上，我们的态度相左，谁都不肯妥协。那天我给老公打电话，婆婆拿着分机加入我们的谈话。记不清具体什么事情了，但与教育孩子有关。我们各说各有理，说着说着，语速越来越快，嗓音越来越高。我们都坚信自己是正确的，希望生命中那个最亲的人能站在自己这一边。我们让他当裁判。可电话那一端却传来了他的哭声。我当时就懵了！只听那个大男人边哭边说："地震时我在19层高楼的办公室，听见四面的墙壁作响，楼房在空中甩个不停，我躲在桌子下面想，还出得去吗？就这样见不着老婆孩子和老娘了？老天啊，我不能死，我娃娃还小！当大楼停止晃动后，我从19楼一路狂奔下来，那是从地狱回到人间的路。这几天腿还在疼！成都天天都能听到救护车的鸣笛声，知道有朋友失去亲人、失去手脚，而你们却为这点小事……"瞬间我们都不说话了，原来活着就好。不计较、不比较、不抱怨，生活本身已经很美好。活着就是幸福，健康就是财富。

一位妈妈整天督促女儿写作业，有一天女儿突然神情恍惚，带到医院查不出任何问题，妈妈吓坏了：什么都没有健康重要！

我的两位大学同学正值壮年，能力强、人缘好、前程似锦，不想突遇车祸英年早逝。往日一起唱歌跳舞聚餐的情景就像在昨天，可他们再也不能和我们一起欢笑了。

在企业生产一线，安全比什么都重要。"高高兴兴上班，平平安安回家"就是幸福。有人说，如果一个人在生产一线平安工作到退休，该为他发个奖状，因为平安不是件容易的事。

工作和生活环境不同，人们对生命和健康的概念也就不同，对幸与不幸的感觉也不一样。

平安是福。感恩生命，当我们撒欢时，还有人躺在医院的病床上，还有亲人为他担惊受怕。唯有这时，我们方知好好活着就是幸福。

每年如有机会我都会到重症病房看看，对活着和幸福的感受就会不一样。原来我们得到了那么多，原来我们如此富有。只要有健康，一切都可以重来，每个人都会是百万富翁。

我们不幸福就是因为给自己定了一个无法达到的目标。如果能够感恩活着，我们每天都有幸福，所得到的一切都是超值了。**人间只有一样是公平的，每人每天24小时，多一天幸福的感受，生命里就少一天不快乐。**

不满足，不放手，让我们失去很多幸福与快乐。

我们最需珍惜的是生命与健康。爱自己，好好由内到外地建设自己。把自己建设得更好，去感恩这一切。

不如问自己三个问题：

① 去年我最值得骄傲和感恩的是什么？

② 当下面临最大的挑战是什么？

③ 展望未来，最令你期待的是什么？

静下心去想这三个问题。常问自己谁对我有恩，加倍报答。

珍惜自己的生命，同时尊重他人的生命。把我们最亲近的家人、朋友当成世界上最有意思的人，去听他的故事，去感受他的内在。

我曾经试着站在老公和女儿的角度去感受他们。那一刻，对他们的种种要求、期望瞬间就放下了，心变得柔软。探寻他们的状态，我看到了很多自己从亲人身上看不到的特质，我更了解他们，感谢他们。我的内在变了，更欣赏，更接纳。

20岁时我读《世界上最伟大的推销员》时，其中有一章“假如今天是我生命里的最后一天”，我完全找不到感觉。到了现在，我有了更多的感触。生命有多坚强就有多脆弱，好好活着，不容易。

5. 允许自己不完美

我发现一个很有意思的现象：从个性签名能看出人们当下的心情指数。

浪费光阴，消耗理想，在堕落中挣扎。

上班了，心情比上坟还沉重。

现实版的人在囧途。

咸鱼翻身，还是咸鱼。

烦！烦！烦着呢！别惹我啊！

在别人看来，他们的生活和工作状况都很不错，但显然他们对自己不满意，且正被悲观情绪笼罩着。

为什么房子越住越大，心的距离却越来越远？为什么认真工作，却从不觉得事业有成？人们的心灵从没有像今天这样迷茫和痛苦。

人为什么会烦恼？内心强求完美并且不自知。以为这是应该的，生活就该是完美的，付出努力就应该得到回报。但事实是：世界不是绝对公平的，没有谁应该得到圆满的生活。完美主义者在残酷的现实面前肯定受伤，要命的是他们不愿看清这一切，继续追求完美，继续痛苦。于是不快乐的情绪就蔓延开来，以致最后越来越无助，越来越悲观，越来越失望。

完美与缺陷本身就是相对存在的，就像没有沙漠就没有绿洲一样。过于苛求完美，内心将永不安宁。叔本华说："一个悲观的人，把所有的快乐都看成不快乐，好比美酒饮入充满胆汁的口中也会变苦一样。生命的幸福与困厄，不在于降临的事本身，而在于如何面对这些事。"拿破仑不可一世吧！可他却说这一生从没有过一天快乐的日子，而又聋又瞎又哑的海伦·凯勒只想拥有3天的光明就心满意足了。

一位哲人说："完美本是毒。"生活中一味追求完美是毒蚀心灵的诱饵。凡事有度，热衷于完美，就会与初衷脱节。19世纪法国诗人穆塞特说过这样的话：完美根本就不存在，了解这句话的人就等于了解人性智能的极致，期待拥有完美者是人类最疯狂的危险之举。

中国有句俗话叫：人无完人。但生活中的完美主义者却不少，他们往往不愿接受自己或他人的缺点，表面上很自负，内心深处却无比自卑。他们凡事希望尽善尽美，达不到心里的预期就会产生巨大的落差，痛苦、焦虑、失落种种消极情绪随之而来，这样的人往往把自己和周围的人都搞得疲惫不堪。他们忘记了人的本性就是不完美，把时间和精力浪费在患得患失的纠结中。

人的忧愁、痛苦随时会发生，追求完美势必会造成沉重的心理负担。承认不完美，并不意味着可以避免痛苦，而是意味着更懂得乐观坚

强，更有能力感受工作和生活的美好。承认不完美，内心就会变得谦卑和宽容，懂得感恩和宽恕。

总觉得别人过得好，其实别人的生活只有他自己知道。

承认不完美，就是给自己松绑了。

6. 可以老，但不能不成长

“世上最没悬念的是人都会老，最有悬念的是如何老去。”著名主持人杨澜在《幸福要回答》里这样说。

生活中到老都没活明白的大有人在，岁月带来的只是增长的年龄。成长是一个人对外部世界不断探索和认知的过程。哲学家罗素认为，人的成长要解决人与自己、与社会、与自然环境间的矛盾。对成年人而言，成长实际上是不断寻找自己的人生坐标，让自己的身体、精神不断强大的过程。在从小到大的过程中，我们的眼界不断拓宽，知识不断增长，经验不断丰富，越来越深地认识自己和世界。每个人对自己的了解程度和内心的真实体验都是不可复制的。人的成长就是不断地突破自己的小环境，进入一个更广阔的世界的过程。这种突破，不仅要突破物理空间的界限，还要突破心灵空间的界限。

人生是一个不断完善自我的过程。成长是让自身精神世界更厚重的唯一的出路。个人的成长什么最重要？

① 寻找生活的方向和目标。

② 寻找社会的时代坐标。设计自己的成长之路时，还是要顺应时

代潮流，借势推动自己的事业发展。

③ 个人的成长需要找到自己的比较优势。一个人不可能，也不需要面面俱到，只要一件事做得好，比别人好一点点，你就有成长的机会。

曾经我误发了一封邮件，而且一周以后才发现。我自认是做事极为认真的人，但还是犯下了这等低级错误。为此我错过了一个重要的机会，再自责也无济于事。做任何事，不是得到就是学到。那么，我从中学到了什么？它给我提了个醒：做事要更仔细认真。

我们做的每件事都会对今后的成长产生影响。要掌控好它，以产生正面的能量。

生命的意义在于成长，脱离了成长的意志，生命也就没了能量。成长是一个蜕变的过程，是一种必须要经历的幸福阵痛。生活中很多事难以把握，但成长可以把握。

人的成长之路不同，人生追求千差万别，无论成功与否，人的最终归宿大致相同。成长是一辈子的事，是提升自我价值的过程。我们要成长，而不只是变老。

7. 最大的幸福是相信

我的参加过抗震救灾的朋友讲过他们亲身经历的事。当失去家园时，有人失声哭泣：“什么都没了，就剩下这条小命了。”有人眼里却充满希望：“还好，什么都没命珍贵，只要人在，一切都会慢慢好起来。”在灾难面前，后者必定比前者更有康复力。

信任是一种态度，是我们对世界、对自己、对他人的一种态度。一是相信自己，二是相信他人、相信世界。

（1）自信

你相信梦想吗？

你相信有人会发现你的潜质，伸出手来帮助你吗？

你相信你也可以帮助他人实现梦想吗？

你相信你会实现梦想，并创造奇迹吗？

如果你自己都不信，谁会相信你呢？

“我怕做不好”“这个我不行”“可能会出问题”……如果一个人对自己没有充分的信心，做事就会缩手缩脚，瞻前顾后，在犹豫中错失机会。而一些特别乐观的人总能不断地从自己身上找到前进的动力，总能设法让自己身体里的潜能发挥出来。这是自信的功效。

自信是迄今为止能够找到的最好的潜能放大镜。一个人自身所具有的潜能和他/她在学习、工作、生活中表现出来的能力并不是1∶1的关系。那些特别自信的人从自身的潜能，到工作和生活，表现出来的能力，都隐藏着一种神奇的“放大”效应。

自信，是要在认识自己的基础上充分相信自己，在面对困难与挑战的时候，将自己最大的潜能释放出来，相信自己可以在理想和兴趣的引导下坚定不移地达成目标。自信的人总是目光坚定地说：“我能行，我一定行的！”“我真的很不错。”

自信就是相信自己能够做好事情，做成事情，并因此形成坦然面对一切艰难险阻的心理状态，自信是对自身能力的正面评估，是一种健康、积极的个人品质，自信是成功的关键。

西方有句名言：成功与否并不取决于我们是谁，而是取决于我们如何看待自己。自信是对自己的充分认可，是一种健康积极的品质。自信的人更快乐，更有主见，更有成就感，且更有勇气面对挑战。自信的人一次次地尝到成功的喜悦，并因此更加积极乐观，更加自信，从而步入自我信任的良性循环。

人人都希望成为自信的人，那么就从现在开始摒弃消极悲观的人生态度，养成积极乐观的思维方式吧！

自信的首要秘诀是坚信自己有足够的潜能，认识并发掘自身的优势。我们要克服缺点，但没有必要放大缺点，相反，要仔细全面地寻找自身的优势。强化自身的优点，管控好自己的缺点，把注意力放在自己感兴趣的事情上，让自己有更大的机会取得更优秀的成果。与此同时要靠学习来提升自信。比如，用具体的事例反复“训练”你的大脑，潜意识里每一次思维都告诉自己你是值得信任的，你应为自己自豪。要在心里夸奖自己：“你真的很不错！”要用言行来激发自信，勇于表现自己。告诉自己：“无论什么事情，只要我肯干就一定能干好！”在一个又一个小小的成功中增加自信。

当前社会让人们容易陷入信任危机，不信任已蔓延到社会生活各个层面，成为一种情绪，不自觉的不信任。这种不信任的心态对社会生活的危害，比这些现象本身更严重。

在人与人的关系中，如果信任不能解决问题，那怀疑则更不能解决问题。信任他人是自信的表现。

（2）信他

曾听一位退休老师语重心长地教育他的学生：“以后再也别轻易相信别人了！”原来是他的学生在经商时被合伙人欺骗，利益受损时，向启蒙老师倒了苦水。

因为一次被骗，就再也不相信他人了吗？这种观念被最尊敬的老师植入头脑，这位学生在商海里会少了多少信心啊！如果相信不能改变什么，那不相信他人更成不了事。

自信的人会因为信任自己而信任他人。在信任丧失现象普遍存在的今天，必须承认自己对别人的需要，因为这是重建互信必不可少的。不信任产生的循环是系统的不信任，信任产生的循环是系统的信任。研究证明：如果我们对一个人产生的积极效应不只在对方身上，还会令对方对另一个人产生信任，社会就会形成良性物质刺激系统，最后受益的可能就是你自己。

有了信任，就为人生插上腾飞的翅膀；没有信任，寸步难行。这世界需要诚信，做一个幸福的人，没有一颗诚实守信的心，实难幸福。为了自己更幸福，我们需要做的不是提防、戒备，而是敞开心胸，开阔的心胸，自然吸引更多的爱。

生活中相信总比不相信让人愉快。如果相信都解决不了，那么不相信就更不行。世上最大的幸福就是相信有人爱自己。当我们得到爱时，自然会让爱在你身边流动起来。

信任，是所有关系必不可少的基石。有相信才有幸福。

8. 生命是无常的醒来

岁月就是这样一天天流逝，我们终究要经历生、老、病、死。我开始看大量与生死有关的电影，比如《遗愿清单》《死期大公开》《命运规划局》等，重读《西藏生死书》，还有李开复的《向死而生》，一次次前往青城山静心，并专程拜访台湾道家紫严导师，听他讲道家生死。

这些年，我一直在做空中飞人、火车行者。我总觉得时间紧迫，要多做事。现在我想静一静，想一想“生与死”的大课题。从时间管理上讲，它属于“重要但不紧急”的部分，正因如此，才要放在第一位，想清楚了再做事。

人生老病死有“四然”。

生：偶然。

老：必然。岁月不饶人，我们能延迟老去，但不可避免变老。

病：突然。成都有黑暗中的对话体验馆（盲人）、无声的对话体验馆（聋人），让人体验疾病下的状态。

死：自然。我曾有过死亡体验，那就是写遗书，并想象自己的葬礼，就像婚礼一样，有白纱与鲜花，哪一张照片做遗像都想好了 。

很多人有亲朋好友尚在少年、青年或壮年离世的经历。我的两位同学就在事业蒸蒸日上时突遇车祸当场死亡。

曾在一则抗洪救灾的新闻里看到湖南某地突遇泥石流，一队抢险的小分队正好经过，年轻的班长被冲走，瞬间一个鲜活的生命就没了。我们分享群里也有来自汶川的朋友，想必对生命突然离去会有更深的感受。

我有一位舞台表现力极好的老师，他曾跟我讲过他亲身经历的故事：不小心从楼上掉下来，知道有人来救他时，他却动不了，睁不开眼，脑子里迷迷糊糊，但他知道紧紧抓住一个人不放。后来他说："潜意识里就是不想死。"

科学家研究一些濒临死亡的人，了解到进入死亡的心智现象的过程如下：

① 呼吸于咽喉处（咽气，咽下最后一口气）。

② 意识模糊。

③ 感受到寒冷。

④ 身体无法控制。

⑤ 即使睁开双眼也一片黑暗。

⑥ 环境声音改变（渐渐拉远）。

⑦ 开始空荡。

⑧ 平静、祥和。

⑨ 无须呼吸并感受不到重量。

⑩ 无时间感。

⑪ 看见自己的躯体和旁边的人。

⑫ 清晰却无法对谈。

⑬ 与物质世界隔绝（另一个生命体）。

⑭ 进入黑暗期，灵魂出窍。

人们之所以害怕死亡，更多来自于对死亡的未知。不知道人会发生什么，担忧死后现在拥有的一切化为乌有，亲情、友情、爱情、物质、财富，所以恐惧。唯有知道死亡很容易就会到来时，才会懂得珍惜。

人体由细胞组成，细胞每天都在更新。身体不断从细胞死亡到生成，进而让我们有了持续的生命。从细胞的生死循环中，它发挥着最大的价值，死亡并非一无所有，反倒是另一种方式的重生。

老子说，谷神不死，是谓玄牝。玄牝即蜕变、羽化之意。如果你死了，还有人记得你，这一生就有意义。

我常想到歌手邓丽君。在地球上，有华人的地方就有邓丽君的歌声。有风吹过的地方，就有她的歌声，她用歌声延续了自己的生命。还有张雨生，我在大学时听过张雨生的《我的未来不是梦》，至今那一种追梦的精神一直在我的生命中延续着。

我曾经为女儿写过一本书《一树小雨》，我想如果有一天我不在这个世界上了，透过这本书，女儿也知道她是妈妈期盼的孩子，她生命的源头充满了爱，就像现在，很多朋友并没有见过我，但看过我的书，也会达成一种共鸣，我们一点也不陌生。因为我们之间有爱的联结。

有爱，才有温度。冷饭不好吃，冷餐不耐吃，温度带出暖意。我用爱来上课、写作，不仅是传递知识。

想想100年以后，我们不是在土里，就是在海里或在塔里，所有物质的存在皆有时效性。如果这一生我什么都没做过，离开的时候就会很无助无奈。就像有人问：你爸爸叫什么名字？爷爷呢？爷爷的爷爷呢？不知道，因为没有留下什么。那是不是一种遗憾呢？

生命就像观赏一部电影，剧情会跌宕起伏，但不会因到剧终，观众跟着死亡。相反，我们更有智慧去思考，怎么活？活得有意思、有意义。

在生活中，如果我们有更多的正面思考，就一定会带来更多正面的行为。把“知道”转化为“做到”，否则你上了多少课，读了多少书都没有意义，除非你把它活出来！

生命要好好把握，不然会有太多的遗憾。

在死亡面前，大多数人会痛苦、纠结、胆怯，然而我们必须去面对。与其有一天被动面对，不如现在主动了解。每个人每天都在生与死之间转换，如同花开花落，生命本身就是一部很精彩的电影 ，不会因为死亡而消失，正相反，它让我们蜕变。

如果明天我不在了，最想做什么 ？我现在做的事情有意义吗？什么是我最想做的事？什么才是生命最值得做的部分？

给大家推荐一部电影，名字叫“遗愿清单”。它提醒我们别忘记了最重要的东西，不要被不重要的东西填满了生活。

在生活中往往会看到人一上来就是：我该选哪个。恋爱对象，我选哪个；高考的学校，我选哪个；我的职业，我选哪个。这就是完全相反的打法，本末倒置的打法，你都没问自己，有什么，要什么，凭什么，你直接就上来选哪个。一定是先有战略才有战术。一上来，我选哪个，我怎么做，这是有违常规的，这个是战术的问题。尤其是我们女性，经常带着情绪去想问题，一定要知道，先问完前三个问题，再问我选什么，我怎么做。

今天我给大家一个思考题，就是今天晚上你回去思考一下，回顾一下你生活中的几个幸福的瞬间。每个人不一样，我跟大家分享我今天的幸福瞬间。近日去枫叶国际外国语学校讲学，我女儿说“妈妈做讲座的时候我一扭头看到那么多人拿手机拍妈妈，好壮观啊！”她用了“壮观”这样一个词，我觉得很欣喜。在动车上，她说，妈妈咱俩说说话呗，不看手机也不睡觉。其实我们俩都蛮累的，这两天我们在重庆、成都两头跑。但我觉得很开心，女儿愿意跟我聊天，我觉得很幸福。

如何去规划你的幸福呢？

第一，要有明确的幸福方向。

第二，你要知道最重要的事情是什么。

第三，迫使自己行动，好好地把握每一个今天。最重要的是，赶快下床，穿上鞋出发。

第四，找准靶心，聚焦。如果你有好几个靶子，那你到底打哪个呢？一定要聚焦你最想要的。就像射箭一样，我们幸福私塾也有一堂课就是做幸福的减法。我们平时做加法太多了，做加法的人很聪明，但做减法的人更智慧。

第五，对自己有信心。在没有得到结果之前，你要能看到结果。什么是信念？就是即使你没看见，你都相信它一定会到来。或许你自己就是这一生最具有增值潜力的资产，对自己终将获得幸福要深信不疑。

幸福的练习6：辨识影响圈与能力圈

发生在你生命中的事件，你看看哪些是你能改变的，哪些是你不能改变的。能改变的，我们叫影响圈；不能改变的，我们管它叫作关注圈。那最外面的一圈呢，我们说是关注圈，离我们很远，我们决定不了。里面的一圈呢，叫影响圈，我们可以改变。

关注圈的事，我们无力改变。我们能做的是什么呢？影响圈的事。比如现在老公回来了，可以给一个拥抱，可以倒一杯热水，可以告诉他，你最近的喜怒哀乐。一个问题出现在我面前，别急于解决，而是慢三秒，问自己："这是影响圈还是关注圈的事？"很多人性格激进，针尖对麦芒，会造成两败俱伤，所以你得练习三秒禅。

幸福是一种能力，这个能力，是通过学习可以获得的。最关键的是改变你的思维模式。我讲学时常问学员："人生最大的发现是发现思维模式的重复。万丈高楼从哪儿起？"99%的人说："从平地起。"因为从小到大，我们只被灌输了一个概念。其实，万丈高楼从有蓝图的那一天起，它就在那里了。

这个案例可以看出我们思维模式的固化。改变思维模式是需要学习的。这个学习60%是受家庭环境、教育环境、社会环境、人生经历，还有DNA遗传基因的影响；40%是你通过读书、学习、反省、行动习得。学习改变命运，这话一点都没错，学习让你与人拉开差距。

Chapter 07

最好的幸福『说』出来

1. 幸福蜕变，从语言开始

每天说什么话，会直接影响到当天的生活质量。很多人没有意识到这一点，整天把“霉”“烦”“死”“惨”挂在嘴边。这些负面的词汇会带来负面的能量，进入我们的生活中。

语言，是有魔力的！每天说的话不是给自己加分，就是减分。

比如，有人自我介绍时，会说，“我姓余，多余的余”“我姓赖，赖皮的赖”“我姓涂，糊涂的涂”。不经意间，就把天天跟随自己的名字与负能量的字词联系起来了，这就是在潜意识中告诉自己：“我的姓不好。”

生活中，语言每时每刻都会影响我们的情绪，会说话、说对话，绝对是一门艺术。

说出的话不同，自己和他人的内心感受也会不同。

在生活中，我们与人交往，如果会说话，那么人际关系会更和谐，幸福指数会更高。

在各种关系中，与自我的关系最为重要，通过语言给自己积极的心理暗示对于提升幸福感大有帮助。每天早起或入睡前，最易进入潜意识，可以带来正向影响。

一个最可行的方法是录制潜意识CD，每晚睡前十分钟播放，让它伴着自己入睡。因为潜意识在我们睡着时仍然继续反应、活动，仍然会听到这样正向意识的语言，这无异于睡觉时一直灌输自己正向的信息。通过积极的语言重复积累这类信息，从而形成积极的态度，并影响自己。

每天早上起床，有人说："新的一天开始了！"也有人说："讨厌，又要上班，烦死了。"忙了一天回到家，有人说："今天做了些有用的事儿。"也有人说："累死了，真不知道自己瞎忙什么！"正向或负向的思维都随语言进入潜意识，由此可见，怎样说话对自己和身边的人有深远的影响。语言甚至可以改变生活。

2. 如何说话决定你的幸福指数

“我什么都做到了，就是不会说好听的。”生活中有的人确实不会说话。温暖的话语会让人舒适，人是感性的动物，没有什么比当下的感觉更重要。赞美和鼓励是人际交往中最有用的两把刷子。

用言语讽刺打击他人，是世间残忍的伤害。幸福的人，心里是明亮的，不会说出伤人的话。心里若没有光明，看到的都是黑暗，说出来的话自然就带有阴霾之气。

清早起来对着镜子说：“呀，怎么有黑眼圈啊，斑点越来越重了。”当天的心情一定不会好到哪里去。

如果对着镜中人说：“你真的很可爱，今天一定会有好事情发生。”美好的一天已经开始。

语言就是有这样的魔力，赞美和鼓励，会将美好吸引到身边。如果抱怨担心，越怕什么，就越会发生什么。

说负面语言的人常常不自知，说出来的话会拉低其他人的能量。

幸福教练是最会鼓励他人的，给人信心和力量是最好的礼物。前面说到，我有一次体验，因手指受伤缠满胶带，一个人看见了说：“哎呀，好吓人啊！”我无语，也没什么与对方可交流的。而我在购药时，店员看到我的手说：“您是教弹钢琴的老师吧？”我微笑着摇头，心里暖暖的。

同样一件事，不同的语言，带来不同的心理感受。

不经意的一句话，给自己、给他人都会带来不一样的能量。它能唤起人内在的美好，也能在无形中拉开你与对方的距离。

“不到世界末日，上帝都不会评判世人。”对他人品头论足，是最消耗能量的行为。学会自我克制是必备的修养。提升幸福度，从改变语言开始。给大家几个小建议，也许能带来意想不到的收获。

① 尽量不说“应该”。经常有人说：“我本应该……”不妨换个角度想想，为什么你应该，别人不应该。如果你认定自己太多的“应该”，反而把自己困住了。你本应该加薪，应该有大房子，应该有最知心的伴侣、最可爱的孩子、最有效的上升渠道。当目标没有达成，有一点小小的失去时，都会觉得被伤害、被亏欠、被剥夺，那还有什么快乐可言呢？

② 尽量不说“但是”，非说不可时，试着用“同时”或“如果……就更好了”替换。我们都有过这样的经历，某人对你说了一大堆这好那好，但你预感到对方要说“但是”时，会觉得前面说的都是废话，“但是”后面才是对方真心想表达的。这样的说话方式在人际沟通时，极易产生抵触情绪，效果并不如愿。

③ 赞美他人时，不说“你真棒”，而说“你是怎么做到的”。鼓励他人说“你真棒”时，一定紧跟在具体的事件之后，否则这句“你真

棒”就太笼统了，就如说一个人是“好人”一般，对方并不能感受到确切的认同。试着说“你是怎么做到的”，对方会有不一样的感受。

④ 少说“你”“我”，多说“我们”。“你”“我”拉开距离，“我们”让彼此融合，成为一体。有的人说话特别强调“我”，这种以自我为中心的语言模式无形间拉开了自己与他人，特别是与团队的距离，无形中把自己孤立起来。而“我们”会带来更多的力量和支持，比如，“你必须把这件事情解决好”与“我们一定要把这件事做好”，让当事人的感觉完全不一样。感觉会影响情绪，情绪影响结果，如果我们留意自己的语言，生活会更轻松和谐。

每天说什么，决定你一天的福祸悲喜。

在此，推荐美国畅销书作家拜伦·凯蒂与史蒂芬·米切尔所著的《一念之转：四句话改变你的人生》，语言改变背后是惯性思维模式的改变。

3. 你的人生是你说出来的

阿方打电话开口第一句是：有一个问题……

而同事小悦却是：有一个好消息……

阿方与小悦一样努力，却不明白为什么别人看他就皱眉，而看到小悦却欢喜。他不知别人背后叫他“问题先生”，而小悦却被唤作“小喜鹊”。

如果你聚焦缺失的，当然谈话的内容就是问题。

这是不可能的。

没有办法。

我做不到。

这样的话语总会让人陷于困境，因为你已经向大脑下达了指令：办不到。

生活中也一样。遇到问题时，如果你说“办不到、不可能”，就是负向思维。如果你说“我要找出解决问题的办法”“一定会有方法的”，就是正向思维。心态不同，自会说出不同的语言。反过来，语言又可以改变心态，心态决定结果。且看以下的改变。

我不要被人欺负。/ 我需要别人的尊重。

这不可能。/ 一定有方法可以突破。

我没办法。/ 凡事都有三种以上的解决方法。

你会发现，使用负面语言的人，透露出很强的无力感。而使用正向语言的人，话语间都是有力量的，表达上感觉是动态的。

同一个意思，有不同的说法，说法不同，感受就不同。

我没有钱。/ 我需要增加收入。

我欠债了。/我的资产出现了负增长。

我从来没想过。/我得好好想想了。

我被公司辞退了。/我有了重新找寻新发展的机会。

以前没有人做成过。/我们有了成为第一的机会。

这件事太复杂了。/我该如何拆解细分去完成它。

我每次都失败。/我从那些失败的教训中学到了什么。

不难发现，肯定的语言能让人更自信。而一旦形成必胜的信念，很多问题就会迎刃而解。

我刚开始在平台上做音频课程时，向经纪人表态：“我会认真听听别人的，争取做好。”而她对我说：“雯立姐，做出你自己的特色，在我心里你已经是最好的。”

她的话给了我很大的鼓励。这也是教练的能力：先成为，后拥有。我们不必等什么条件都具备了才去做，而是先行动，去与目标结合。因为正向的语言影响了信念系统，信念影响行为，行为产生结果。

肯定的语言，是产生自信能力的关键。

一个人的童年如果否定多于肯定，就会导致在成年后不断寻找肯定。正向话语对人的一生都会产生深远的影响。

前几日与女儿交流，我问她为什么不愿学习跳舞。我一直寻找机会与她沟通此事，因为她4岁开始学舞，身体素质和身材比例都很好，可她表示坚决不跳了。这一直是我的心结，想不明白她为什么不愿学舞。终于她打开心扉说出实情：受不了老师每节课都点名批评，叫着你的名字，当着家长和学员的面批评你这不对、那不好，自尊心被碾得粉碎。

我与先生沟通：“其实老师只是指出她的问题，也不是批评她一个人，正向思维还锻炼抗挫力呢！”但先生说：“孩子还小，要以鼓励为主。如果好话没有发挥出好作用，那又有什么用呢？每个孩子的性格不一样，尊重她的意见吧！”

设身处地，我也知道被当众批评的滋味不好受。

小时候因为偏科，小学数学老师把我带到教研室，教研室里还有其他班的老师和学生，数学老师当着众人指着我说：“你们看她长得挺聪明的吧，其实笨得很！”我现在都记得她说“笨”字的嘴形。可当年的我没有女儿那么倔强，真心认领、照单全收：自己真的很笨。

30岁去学驾照，教练整天批评我“一塌糊涂”，一下子把我带到了童年码头：想起小学数学老师说我笨得很。

可见语言对一个人的影响有多大！

好在我一直在学习，在改变。如果没有学习、没有觉知呢？

我们不妨有意识地留意自己说出的话，检视自己的语言模式，主要有三大类：扭曲类、删减类和归纳类。

（1）扭曲类的语言模式

① 猜臆式。如，“他不喜欢我送的东西”。

② 因果式。如，“我没有答应他，所以他生我气了”。

③ 相等式。如，“你不陪我，就是不在乎我”。

④ 假设式。如，“你不会在骗我吧”。

（2）删减类语言模式

① 名词不明确式。如，“我知道你是个老实人”。

② 动词不明确式。如，“你伤害了我的自尊心”。

③ 简单删减式。如，“我不甘心”。

④ 比较删减式。如，“他对我最好”。

（3）归纳类语言模式

① 以偏概全式。如，“你从来都不关心我”。

② 能力限制式。如，“我不能带她走”。

③ 价值判断式。如，“老实就会被人欺负”。

所有的语言都始于我们内心深层的一些意念，经过大脑中扭曲、归纳、删减三个程序的不断运用，最终这些话会脱口而出。

不难理解为什么阿方脱口就说“有一个问题”，而小悦开口即是“有一个好消息”。语言总是最直接地显示出说话者的身份与信念系统。

人们本能地愿意接近乐观积极的人，远离负能量的人。

每个人说话都有自己的语言模式。请留意自己每天说出来的话。透过语言，发现自我，是值得好好修炼的功课。

我曾录下自己一整天所说的话，回放给自己听。发现口头语居然是“我觉得”！我开始反省是在什么样的语境下说出这样的话，是否太在意自我？是否太少考虑对方的感受？该如何修正？这成了我一段时间的课题。

我们通过语言与他人、世界交流。岂能对自己的语言模式一无所知？好声带好运，好话带好命。如果你说自己是个倒霉蛋，说久了你就是了。如果你说自己总遇贵人相助，是个幸运儿，久而久之，幸运儿就是你。

你的人生是你“说”出来的。

4. 好好说话招人爱

两个转学的小同学说起现在和原来的环境变化，感触最深的居然是老师的说话方式。

以前的老师总说：你们是我教过的最差的班。现在的老师常说：我们区是全市教育最好的，我们学校是全区最好的，我们班是全校最好的。

自信的老师当然会教出自信的孩子。这让我想起一位诗人朋友的自我介绍：世界最好的诗人在中国，中国最好的诗人在四川，四川最好的诗人在成都，成都最好的诗人就是我！

如果你都不欣赏自己，这世上就没有人欣赏你了。人家懂得自我认同、正向自我催眠。因为这句话，我记住了他。

语言是有魔力的，人们都会在不经意间被他人催眠或自我催眠，让某句话进入自己的潜意识，并影响自身的行为。

父亲曾说："我们小鹿不俗气。"那时候我还小，但意识到自己是个不平凡的人。

我的小学同学后来成了集团高管，他对我说："你经常到各个班去讲故事，老师总念你写的作文。从小就是当宣传部部长的料！”不经意间我又被这话催眠了，认为自己从小就擅长说和写，有天赋！

我的心理学导师吴博士对我说的话让我终生难忘。

当时我还在三线城市的国企做宣传工作，导师推荐我去上一位国际顶尖心理导师的课程，学费上万。我说：“学费太贵了，天价啊！”

她说：“随缘。小鹿你不走出来，失去了什么都不知道。因为你不知道。”

我被这句话击中了！当时我已是“天花板”干部，没有上升的空间。可内心还有股强大的能量想做事，却不知往何处使劲。我渴望成长、渴望改变。

因为这句话，我走出来，看到了更大的世界。当格局一旦被放大，就再也回不到原处了。吴博士说：“为你点赞，你是我所有学生中最有行动力的。”我说：“是您的一句话影响了我。”

每个人的生命中都有被语言影响的经历。

一位来做咨询的先生说他与母亲一直有距离。后来他想起母亲在他童年时说过一句话：“在你身上打着灯笼都找不到优点。”可以想象一个小男孩被母亲否定是什么滋味。母亲想不到自己的一句话会成为儿子心中的梗，且阻碍母子沟通的管道达30年之久。

请留意从自己口中说出的话。可能在那个当下，你并不会意识到某人的一句话对你影响会那么大，而你的话也会影响到他人。

很多人对我说：“鹿老师，你的一句话影响了我。”

我说什么了？

成功的路上并不拥挤。

不完美的行动胜过完美的等待。

你比自己想象的更美好。

……

我想起搭档相相老师曾经对我说："亲爱的，你是最会鼓励他人的人。"这个世界需要鼓励的人很多，每个人都需要被他人看见，被他人鼓励。

有位朋友说："鹿老师，您的一句话不仅夸了我女儿，还夸了我全家人。"因为我这样说她的孩子："一看就知道是好人家的女儿。"

一句话，很自然地做到彼此接纳与欣赏，现在我们每次见面都会拥抱。

如何说话带来好人缘?

（1）在语言交流中要带着觉知

如果没有觉知，很可能被情绪带着走，愤怒时会口无遮拦，伤人伤己。"说出去的话，泼出去的水"，覆水难收!

如果在当下能意识到自己正着急、愤怒、紧张或焦虑，不妨慢一点表达。"慢三秒"，又名"三秒禅"，是最有效的方法。简单一句话：凡事慢三秒，给自己和他人留有余地。

在刺激与反应之间有一个空间，这个空间越大，掌控幸福的能力就越强。前提即是：带着觉知。就像额头长着第三只眼，或头顶自带摄像机，看到当下的那个“我”的状态。这个“我”将说出怎样的话语呢？美好的状态下自会说出美好的话，如果是在负向情绪中，请有意识地慢三秒。

（2）先聆听，后发问

好好说话的前提是先聆听。怎么说是由你决定的，而你说的效果是由听的人决定的。

聆听有3个层次。

第1个层次：听到对方说的内容。

第2个层次：听到对方说话的情绪。比如，小朋友说：“妈妈陪陪我，读绘本给我听。”你一边忙一边回答：“好吧好吧！”语调是无可奈何的，小孩子是听得出来的。

第3个层次：听到对方的需求。比如，你去朋友家里做客，朋友的父母很客气，说：“不好意思，我们不会做菜。”如果你当真了，说菜不好吃，该加点醋或盐，那就扫兴了，相反你应充分肯定其私家菜的特色。

聆听时，不妨再复述一下对方说的话，然后说：“是这样吗？还有呢？”这些都会让对方感觉自己被关注。

（3）学习并使用幸福语言模式

会说话，才有好人缘，好好说话，有套路。万变不离其宗，只需用心，就可活学活用。

比如，有人向你长时间的诉苦，很可能把你的能量拉低。你可以做的是：第一，觉察到对方情绪很低落，提醒自己保持清醒。第二，不是一起吐槽，而是积极提问："你现在感到很难过，是吗？"这是在帮助对方理清思路，从刚才的感性频道转入理性状态。第三，进一步引导："你能描述一下难过的情绪吗？哪里最难受？"这时对方已完全启动理性思维，因为大脑要整理信息回答你的提问。最后，再次提问：我能为你做些什么？这叫"强有力的发问"，我们随时可以在生活中运用。

好好说话招人爱，让人和你在一起如沐春风。

5. 如何说有门道

语言会暴露一个人的心理状态。热播剧《欢乐颂》有个极其生动的案例：

三个优秀的男士都深爱女主安迪，得知安迪家族有神经病史，他们的说法不一样。

老谭说：“安迪，你根本没病。”

奇点说：“我一定会把你的病治好。”

小包说：“好巧，我也有神经病。”

如果你是安迪，会选择谁呢？老谭否认安迪有病，奇点要舍己救人，唯有小包懂得共情：我和你一样。

能讲话不等于会说话。一句话能把人说笑，一句话也能把人说哭。语言是沟通的利器，就看你怎么用。

这世上每个人都需要鼓舞。如果别人遇到困境，正陷入困顿和迷茫中，建议不要跳出来“仙人指路”，而要做一个好的倾听者。试着站在对方的立场去感受他的情绪，并告诉他：如果我是你，也会这样……

“如果我是你，我也会这么想、这么做。”这是最好的共情语言。

不要去贴标签，“你太傻了！”“你怎么没想到可能会……”这样的话只会让对方想离开你。

你可以换一种方式：“我看到……我听到……我感觉到……”

比如，我看到你抽了好几支烟；我听到你音调有些高；我感觉到你特别想把这件事做好；或许你冷静一下，效果会更好。

语言的艺术，不是专业人士的功课，而是每位普通人该花时间和精力去琢磨的事，简单点说就是：怎么说话，说人话。

请读下面的一段话，注意自己大脑出现了什么画面：

> 现在大家闭上你可爱的眼睛，请不要想柠檬的颜色，不要想柠檬的味道，是什么形状，千万不要想柠檬，千万不要想柠檬哦。

你是否发现你的大脑不听文字的指挥，想的都是柠檬？“不要”这个指令对你的大脑完全没有作用！

而不明白大脑这个特点的人会无意识负面化语言，往往把注意力集中在自己“不要”的困境上：千万不要迟到，不要忘了带钥匙，不要碰上谁谁谁……

女儿作文里曾写到去朋友家做客的经历，主人家有只小狗汪汪直叫，她很害怕小狗会咬她。结果主人说：“别怕，它不会咬你的。”她写道：“阿姨越说不怕，我越怕！”

曾经有位妈妈跟我说："我儿子总打妹妹，老师能跟您约时间做个咨询吗？"

我问："你就这事怎么跟儿子交流？"

她说："我一遍遍告诉他'不要打妹妹'"。

问题就出在这儿。如果换一种语言模式，对儿子说："你是哥哥，要帮助妈妈照顾妹妹，疼爱妹妹啊！"

妈妈的语言模式变了，儿子的行为随之改变。

朋友说："别着急。"你听了更急。

家人说："别伤心。"你听了眼泪就忍不住了。

商家广告说："不要你破费。"你不由打开了荷包。

……

这是一个有趣的发现，如果我们知道说话的门道，就知道什么时候说"不"，什么时候不该说"不"。

回顾一下3个实用的幸福语言模式：

① 学会共情："如果我是你，也会这样……"

② 不贴标签，只需表达："我看到……我听到……我感觉到……"

③"不要"这个指令对你的大脑完全没用，慎说"不要"。

亲爱的，我们天天都要说话。说话有门道。光"知道"这个门道没有用，除非你"做到"，才是你的。

6. 学会赞美与鼓励

说出来的话，会不经意进入人的潜意识，就像你对自己和世界关系的预言，你会不经意间证实预言，你的人生是你“说”出来的。

《圣经》里开篇即有“神说……”，语言是神奇的。生活中每个人都有不同的语言风格，透过语言，大概可以知道对方是一个什么样的人。

比如，有人话多、语速快、调门高，会让人感受到压力。如果再配上叉腰、用食指指着对方等肢体语言及激烈的情绪，大致能让人猜出其修养如何，以及原生家庭的状态等。

有人很少说话，如闷葫芦一个。然而，在高竞争、高压力、快节奏的现代生活中，即使你有丰富的内涵，别人也没时间去了解。或许你很有才华，但因为不会说话，也会错过好机会。

有效表达，好好说话。美好的语言，不花一分钱，却会让人觉得如沐春风。

朋友说：“不会说话，好事都能搞砸。”这样的例子还少吗？特别是在与亲人的交往中，有时我们明明是出于关心和爱，说出来的话却那么难听，对方感受到的是指责、批评，再亲密的关系也会受损。

来听听这个家庭父母的对话：

母亲：都怪那个鬼学校！

父亲：你儿子考试前还看电视。

母亲：英语只考了20分。

父亲：好在咱家有钱。

母亲：你们老王家都是笨蛋。

……

抱怨与指责，让好话变得难听，甚至激发矛盾。如果你给孩子一个笨蛋的身份，他一定会表现出种种符合这个身份的行为证明给你看。

作为幸福教练，我的体会是一定要学会两把刷子：赞美与鼓励。这世上最刻薄的话就是讽刺与挖苦。这种人对别人不够友善，对自己也会计较——聚焦负面、关注失去。

有一天我收到学员的微信："上您的课收获很大，最重要的是与您建立了联系，我看到我未来理想的样子和状态，就是鹿老师您这样的。"我说："亲爱的，去成为你自己。"我又加了一句："你鼓舞了我。每个人都会因为某人说过的一些话浸润你的生命，并影响你。"

回想生命中对我有影响的语言。

父亲对我的评价是：不俗气。

老师对我的评价是：最懂感恩的人。

闺蜜的评价是：勤奋。

朋友的评价是：有故事、有气质。

学生的评价是：知性、优雅。

领导说：因为你助人，所以得人助。

最感动的是一次我为孩子们讲课，讲到了绘本《花婆婆》，主人公把花种子撒遍走过的每个角落。快下课时，我问孩子们："长大后你们要做一个什么样的人呢？"有一个女生回答："我想做一个像鹿老师这样的播撒种子的人。"

当时的我备受鼓舞！美好的语言就是一份礼物。

有一天我去一家名为"你好自然"的创意体验馆，小店的宗旨是不违农时，精耕细作，给大家最自然的产品和体验。我看到小店里到处都是鹿的造型，不明其意。

女店主说："鹿是森林之王啊！"过去我一直以为狮子、老虎才是森林之王！她说："在灵性的森林世界，鹿就是森林之王，您的姓多美啊！"听到这样的语言，感觉真美。

有位笔名叫"九色鹿"的妹妹找到我，一是因为知道我是作家，二是因为她的笔名和我的名字都有一个"鹿"字，生活中姓鹿的人太少了。如果一个真诚甜美的人对你说："我想认识你。"这是多美的邀请。

如果你懂得赞美别人，一定会大受欢迎。需要注意的是，夸人一定要具体。别说“你真棒”，要说棒在哪儿。比如，有人说喜欢我，是因为我的文字美、声音好听、课程内容干货多，哪怕仅仅是因为我的姓氏很独特呢!

送给你一个夸人的套路。当你发现别人某一项事情做得很出色时，别说“太棒了”。你要问：“你是怎么做到的？”它能唤起对方美好的心理感受。

有个孩子写数字“8”总是躺着的。有一天写对了，妈妈说：“哇，宝贝，你是怎么让这个‘8’立起来的？”这位母亲跟我反馈：鹿老师，您教的方法太好使了。我的宝贝没有回答我，但她的小脸在发光!

我在家里经常夸先生做的菜好吃，我和女儿一唱一和：“你怎么做得这么好吃？”“爸爸，这道菜里面放了什么？”先生是个实在人，笑眯眯地答：“尽管整（吃），还有！”

有人问我：“如果我们赞美别人的话被人听出来是套路，怎么办？”我的回答是：“只要你是真诚的，一切都不是问题。”

幸福的练习7：正向肯定

询问你身边的10位好友或者发朋友圈：在你眼里，觉得我最大的优点（或某种能力、天赋、品质）是什么？请举例证明。如有3位以上朋友提供的答案是相同相近的，那可能就是你给大多数人的正向印象。

我自己就认真做了这个有趣的练习题，太喜欢了。

我的老师说：感恩。例子：年年都记得老师的生日，家乡的新鲜水果上市会第一时间快递给老师。

我的先生说：坚持、充满理想，不怕改变。例子：敢于舍弃稳定的工作去二次创业，勇于实现自己的梦想。

我的女儿说：懂我，像闺蜜。例子：每天睡前都要说一会儿知心话，有什么小秘密都可以跟妈妈说。

我的同事说：自带气场、真诚、温暖、有能量，充满真情、热情和激情。例子：无论站上哪个讲台，立即成为全场焦点。讲的故事总能感动他人。

听到这些肯定很幸福。其实，我们每个人都比自己想象的还要好。

很多朋友做完这个练习后感叹：“原来我在别人心中是这样的，他们说我就是正能量！”所有反馈的答案都让自己期待、好奇又惊喜。有10双以上的眼睛让你从不同角度看见自己。

每一个人都需要找到正向的肯定，不妨来试一试这个小练习吧！

Chapter 08

做幸福的生活家

1. 你可以过“既……又……”的生活

很多女性跟我交流过她们的烦恼：

“照理说妈妈应该天天陪伴孩子，我现在工作经常出差，太对不起孩子了。我不是好妈妈。”

“我现在的企业在创业阶段，我在家里的时间很少，不是个称职的妻子。”

我们传统的思维方式认为，如果同时做了两件事，就肯定有一件做不好，或者都不成。鱼和熊掌不能兼得。

因为我们从小往大脑输入的信息是这样的，于是这种思维模式就固定下来。而西方家庭没有这种观念，事业有成、家庭又和睦的女性大有人在。而我们更多地关注同时做两件事的困难，不管结果如何，过程已开始纠结。

高品质地陪伴孩子15分钟，比天天守着孩子叫喊着写作业这样培养亲子关系更有效率。

做自己热爱的事业，不仅乐此不疲，而且会吸引来越来越多的资源，给家人带来更多支持。事实上我们可以同时做好两件甚至三件事。之所以有时不尽人意，是一开始我们就认定这样做是不妥的，内心已产生自责和抱歉。其实大可不必。

每个人都可以过“既……又……”的生活，我们的认知模式很重要。

因为种种机缘，我曾经接手过一家服务机构，当时我有自己的培训业务，还有和出版社的合同在手，内心非常抗拒。担心时间精力不够用，讲课是我的强项，写作也曾是我的专业，做这两样得心应手，但想到要管理一家机构，什么事都要亲力亲为，消耗大量的时间精力，一下子头都大了。朋友们也说：“专心做自己的事就行了，何必揽太多事，你忙得过来吗？”我越来越怀疑自己会把一切搞砸，越来越恐惧，直至浑身无力。后来我选择放空自己，去上一堂课。

上完课后我发现，拿掉大脑中的限制，一切皆有可能。我们生来是能够感受创造的喜悦的，可以选择过“既……又……”的生活。

放下非此即彼的执着，保持正能量，想要达成的结果就让它以恰当的方式在恰当的时间呈现。

幸福的人不要把自己逼得太紧，放松一点儿——这样的想法和信念都是抗拒的伞，拿掉抗拒的这把伞，允许多样性的存在，接纳更精彩的自己。

太极讲究负阴抱阳，意喻万物内含着阴阳两种相反而又相成之气。马云说：“我们既要阴，又要阳，与道同行。”

抗拒、掌控，是收缩的，无法与道同行。

幸福、和谐、富足，都是扩展的，自然与道同行。

我最大的收获是转变了一种惯性思维模式。以往我总认为什么都要一步步地来，鱼和熊掌不可兼得。过去都在说非此即彼，现在信念变了，觉得可以既此又彼。我可以选择“既……又……”的生活。

允许多样性的存在，尊重自己的选择。如果抱怨，就与事物的丰富性断了联系。不再纠结，看看未来会给自己什么。只管精彩，老天自有安排。

2. 幸福的绊脚石

无论我们读过多少书，经历过多少事情，最终要面对的还是自己的生活，面对自己内心的阴暗面和性格的缺陷。

朋友遇到心结第一时间找到我，细说事情的来龙去脉，并抒发自己的痛苦和委屈。陪着她，看她“享受”受害者的状态。因为做受害者太舒服了，责任都是别人的，都是外界辜负了自己。

生活中扮演受害者的人很多，于是有那么多的抱怨和一把鼻涕一把泪的控诉。真的是别人把自己推到受害者的深渊吗?

人们很在意自己的感觉，以为那是最真实、最可靠、最正确的，并以自我为中心对周围的一切进行评判。很多人的口头禅是“我觉得”“我应该”，从而不知不觉进入受害者的角色，陷入自己的思维定势和认知怪圈。

在婆媳关系相处中，媳妇常常觉得自己是受害者，特别是同样经历的人会在一起声讨婆婆对自己的生活横加干涉，她们从来不曾细想过婆婆为家庭做出的贡献，认为那是“应该的”。揣着受害者的心态，婆媳关系自然不理想，接着就会影响夫妻关系、亲子关系，产生连锁反应。

受害者常常想的是：为什么别人有，而我没有。于是认为别人有的是本该自己得到的，于是心里不爽。他们不经意间就拿自己的配偶、孩子与人比较，不平衡感立即涌现。

受害者觉得自己是被辜负、被误解、被委屈、被伤害的。其实，受害者和加害者都活在同一个剧本里。

只要学会观察，就会发现事件背后隐藏着更大的智慧、更多的爱。

生命中发生的一切都带着美意而来，我们不是得到，就是学到。反省是必修的课程。

当我们抱怨生活时，就与丰富断了联系。调整好自己的内在，回到欣赏的状态，则会轻松富足。

造成我们痛苦的，并非他人或问题本身，而是我们自己不放过自己，坚守局限思维中。

让我们一起做转念作业，拜伦·凯蒂告诉我们谨记四句话就可以过自在的生活。这四句话是：

① 这是真的吗？

② 你能百分百肯定是真的吗？

③ 当你持有这个想法时，你会如何反应呢？

④ 没有这个，你会是怎样的人呢？

接下来，再反向思考。重要的事，要反复问自己。是作业，就要动笔写下来。这个方法很简单，确实有用。

拜伦·凯蒂说：“了解转念作业唯一的方法，就是直接体验一下。”

3. 你的身体会说话

先说一个亲身经历的事。多年前我咳嗽一月有余，直到眼冒金星实在撑不住就去了医院。当天值班的是神经内科医生，她听我说病了一个多月，沙星、头孢、阿奇霉素三大类抗菌药吃了很多，就让我拍片。那天没有其他病人，她就跟我聊天，说我并没有病，只是身体在说话，在透露一些信息。

现在我知道这是心理问题躯体化的表现。我们的身体在提醒自己：注意当前的情绪和心态。

我们都知道“亚健康”是介于健康、疾病之间的状态，是人们在适应生理、心理、社会应激过程中，由于身心系统的整体协调失衡功能紊乱，而导致的生理、心理和社会功能下降，但尚未达到疾病诊断标准。这种状态通过自我调整可以恢复，但是长期持续存在则可能恶化成疾病。2010年课题《中国人亚健康状态综合评估诊断和预测系统的建立》正式出台，在全国大中城市以5万多人为样本，历时三年的调研结果显示：将全部样本共计14个职业类别的亚健康比例相加，中国劳动力人口约有10%的人没有任何症状，30%的人受到躯体或心理疾病的困扰，

60%的人身陷亚健康危机。其中位于前三甲的是：专业技术人员、学生和办事人员。中科院心理研究所也曾做过一个调查，发现科技人员的平均寿命比常人低很多，压力致使身体处于亚健康状态。国家与社会管理者也是高发人群，政府职员的非正常死亡，他们留下“绝笔”均提到：近来身体状况差，有很大压力。人的内心不稳定、不平衡，就会造成个人躯体上的负荷。当我们的身体出现不适，就应向自己发出警告，提醒自己停下忙碌的脚步，有意识地好好照顾一下自己的身体和心理，对自己好一点。

路易丝·海是美国著名心理学家和心灵导师，她有一个振聋发聩的说法：什么人得什么病，我们每个人创造了自己的疾病。她是全球“整体健康”观念的提倡者，她强调要学会倾听身体的语言，被世界媒体称为“最接近圣人的人”。

下面是路易丝·海给出的一个身体语言的小词典。

① 心脏代表爱。血液代表快乐。心脏很乐意把快乐送往身体的各个部位。当自己拒绝爱与快乐时，心脏枯萎了，变冷了。结果是：贫血、心绞痛和心脏病发作。

② 头发代表了力量。在某种程度上也释放着求偶的信息。脱发，表示健康的下降，过度的紧张。

③ 耳朵代表着听。当耳朵出现问题时，预示着你再也不想听到某些东西了，你对听到的东西反感。

④ 眼睛代表看的能力。当眼睛出现问题的时候，通常预示着我们生活中有什么东西不愿意看到。比如有那么多戴眼镜的孩子，那是对过

重的学习无声的反抗。

⑤ 颈部代表灵活。特别固执的人，尤其对环境有某些顽固感受的人，容易患严重的颈椎病。

⑥ 咽喉代表我们大声说话的能力，表示你所希望得到的，你所企求的。当我们的咽喉出现问题时，通常意味着我们觉得自己说某些话是不恰当的。它还代表着身体内部的创造力，能量集中在咽喉部。

⑦ 后背代表着我们的支持系统。后背出现问题时，意味着我们感到没有支持。如果觉得自己失去了家人、配偶、孩子、领导、朋友的支持，感觉到支持受到破坏时，人极容易感到背痛，失去力量感。人们常说“身后有强大的力量”“背负着重大的责任”就是这个意思。当我们支持某个人时，我们会说：“我会站在你的背后。”另外，没钱或是怕没钱的时候，也容易背痛。

⑧ 胃是用来消化我们所有的新思想和新体验的。一般来说，有什么我们不得不下咽的东西，你必须强咽下去，可你不喜欢。于是你的胃就代替你提出抗议。

⑨ 生殖系统的疾病通常是我们感觉到性的肮脏或是不喜欢自己的角色。

⑩ 肠道和你放弃的能力有关。肠道有病的人通常很会过日子，可能比较吝啬。我们的身体如同生活的节奏和韵律一样，需要在摄取、吸收和排泄之间达到平衡。

⑪ 腿有问题，常常意味着你害怕向前走。

⑫ 膝关节有问题，通常是拒绝妥协和弯曲，特别倔强。

⑬ 肥胖代表着不安全，于是希望储存更多的食物。尤其是来源于父母的不安全感，他们只顾给孩子喂食，觉得这就是爱和关怀。于是给孩子传递了这样的信息：关爱自己就是多吃东西。

⑭ 更年期的实质就是怕衰老，怕自己不被人需要。

⑮ 疼痛表明了内疚。内疚者总是在寻找惩罚，惩罚导致了疼痛。

是否是我们创造了自己的疾病呢？身体的语言有时模糊不清，有时又清晰无比。别再忽视你身体的语言，静下来了解你的身体。你的身体在任何时候都会对你不离不弃，你要善待自己的身体。当身体发出信号时，你可以反思导致这种症状的心理因素。

你的身体会说话，请放慢匆忙的脚步，倾听你身体发出的语言，关注自身的健康，朝着更加幸福的生活状态进发。

4. 改变环境，不如改变自己

融入环境是大智慧。与环境和谐相处，如鱼得水，自由自在。反之，与环境格格不入，就会处处碰壁，诸事不顺。人类活动对整个环境的影响是综合性的，包括观念、制度和行为准则等。

有这样一个故事。在很久以前，有一位国王，有一次，他到很远的地方去旅行，回到皇宫后不停地抱怨脚疼。于是他向天下发布诏令，让老百姓用牛皮铺好他要走的每一条路。很显然，此举劳民伤财。一位大臣冒死进言："国王，您为何不剪两块小牛皮包在自己的脚上呢？这样就不必花那么多钱，杀死那么多头牛了！"国王听后恍然大悟，立刻接受了这个建议，命人为自己做了一双漂亮又实用的厚底牛皮鞋。据说这就是皮鞋的来历。

改变外部的大环境很难，与之比起来，改变自己就显得容易多了。环境对人有很大的影响，因为人是社会的一分子。在这个社会里面，人要生存，就不可能不受环境影响。

一位女士因工作调动到了新单位，她极不喜欢新领导与同事，认为领导给的工作太多，同事间又太计较，非常不适应。每天早上起来，一想到上班就感到厌倦，天天在家念叨不想上班，总觉得身体不适。她的状态让家人和单位同事都觉得很“麻烦”，她本人更觉得工作没意思，不久就又调走了。

当新环境与原有环境发生变化，你可以接纳它，也可以抗拒它。接纳带来平安和更有效的后续行动，而抗拒只会带来更多的负面情绪。接纳还是抗拒，选择权在你。如果把周围的人都看成天使，你就生活在天堂里。

人受环境的影响，融入环境是明智的。改变不了环境，就改变自己，因为这是你可以掌控的。改变你的状态，还是由自己把握主动性比较好。

森林里有三只蜥蜴，它们是很好的朋友，正在讨论生存与发展的环境问题。其中一只看到自己身体的颜色与周围的环境不相同，不便于隐蔽，不太安全，便对另外两只蜥蜴说：“我们住在这里实在太危险了，要想个办法改变环境才行。”另一只蜥蜴说：“改变环境的办法太麻烦，不仅不可行，而且很难取得实效，不如我们迁居到适合我们生存的地方去生活。”第三只蜥蜴问：“为什么一定要环境适应我们呢？我们就不能适应环境吗？”公说公有理，婆说婆有理，各执己见，谁也说服不了谁。结果是：第一只蜥蜴开始大兴土木，改造起环境，但收效甚微；第二只蜥蜴开始寻找新的适合生存的领地，但也无功而返；只有第三只蜥蜴借助阳光和阴影学会了改变自己的肤色，练出了高超的隐蔽本领。实践使它们形成了一个共识：有时候与其让环境适应自己，不如自己去适应环境。

融入环境，学会掌控自我情绪。人是独立的个体，但也是社会的一部分，所以人的反叛性不能太强。当红灯亮的时候，你要让自己去忍耐等待。人们要接受社会的约束，接受文明的规范，个人在团体中，就要接受团体的约束，因为你是团体的一部分。

当环境发生改变时，你应该主动去适应这种变化。你的情绪会影响到别人，你要让别人平稳，就要自己先平稳，一旦发生什么错误，你要先调整自己，别人很快就会跟着改变。

在海滨浴场，如果穿晚礼服，肯定不自在。如果参加晚会，穿着随意的牛仔装，也会不舒服，因为与环境格格不入。这些只是外在，而内在呢？

融入环境，就不要以自己为中心。你要做个让人放心、信任的人。自我修养的重要内容就是不要太自我，要多为他人着想。

改变能改变的，接受不能改变的。就像江河汇入大海一样，融入环境才是大智慧。

5. 与内啡肽做朋友

在学习心理知识的过程中，我接触到一个名词：内啡肽。其实它一直与我们相依相伴，只是我们还没认识它。

内啡肽是人体内自产自销的一种荷尔蒙，它能对抗疼痛、缓解焦虑、让人快乐和兴奋，也能让人安宁和心满意足，甚至能稀释对于死亡的恐惧。内啡肽也被称为“快感荷尔蒙”“年轻荷尔蒙”，这种荷尔蒙可以帮助人保持年轻快乐的状态。

内啡肽也称安多芬或脑内啡，是一种强大的内分泌系统，是我们得以感知幸福的物质基础。内啡肽是人体自产的一种激素，也是一种能量，研究表明：内啡肽源源不断地活跃在身体的每一个细胞里，我们就能年轻有活力，身心愉悦。

当人采取积极正面的思考时，大脑会分泌一种特殊的内啡肽刺激细胞，使细胞活跃起来，充分发挥体力和脑力的潜能。当人心情烦躁、紧张、发怒时，大脑会分泌肾上腺素等物质，它们长期存在是有毒的，会让人的脑电波不稳定，人会变得疲惫。

内啡肽是“快乐荷尔蒙”，有人说，我可能天生内啡肽就比较少，没有什么让我感到特别快乐的事，我这人就这样。这显然是一种消极思维，内啡肽的产生是很吝啬，但付出艰苦的努力是完全可以后天习得的。

内啡肽是我们自己在生命过程中产生的一种激素，也是我们生命的一种能量。如果我们的机体能够稳定保持着生产内啡肽的能力，就会保持身心健康。

内啡肽是神奇的，它是能让我们人体感知幸福快乐的物质。过去我们不知道怎样控制内啡肽，现在我们要学习驾驭自己的幸福激素，这是我们的新课题。

首先，你要赋予生活意义。

其次，你要有目标。有了方向，你的内啡肽才会积极工作，整个人进入一种良性循环。

最后，你得与生活和谐相处，接纳不可逆转的改变。

英国一项研究表明，如果按成本与效果的比例计算，心理健康增进快乐的效率是单独提供金钱的30倍。根据另一组科学家的研究证明：得到彩票中奖的快乐在几个月之后就会渐渐消失，而心理健康所带来的快乐，却是经得住考验的，有些还历久弥坚。如果我们日复一日年复一年地学习心理知识，进行自我修炼，掌握自己内啡肽的规律，将是多么值得投资的事情。

对自己的幸福负责，是我们的终极目标，人要能控制自己的心理和精神，就能找到物美价廉让内啡肽分泌的方法，让自己的激情和免疫系统始终处在一个高度和谐的状态。从现在开始，认识内啡肽并与它做朋友，训练你的荷尔蒙，主动掌控自己的心灵季节。

6. 不过毫无新意的生活

常有人说“平平淡淡才是真”，如果今天和昨天一样，明天和今天一样，有多少人可以从容享受这样的平淡呢?

看过一期央视的节目《开讲啦》，演讲嘉宾是海清。有大学生提问：“我妈总觉得我不思进取，可我觉得这样平平淡淡挺好，何必那么累。做人最重要是开心喽。”海清当场就说：“我最讨厌这样的孩子，老天给你十分的天分，你只用五分，对家庭对社会没有责任没有付出没有贡献。”这样的年轻人最辜负的当然是他自己了。

人到中年，很多人产生危机，因为每天的生活毫无新意。不甘心过每天按部就班，一眼就望到头的日子。

十多年前我曾主持过一台晚会，轰动一时。晚会高潮时有个环节，请出企业的老劳模祖孙三代上台，因为劳模的儿子女儿都在这家企业工作。导演让我问劳模的孙子：你知道爷爷在哪儿工作吗？爸爸妈妈姑姑叔叔都在哪儿工作吗？你能告诉大家长大后想去哪里工作吗？导演的设计是想让孩子用童声大声说出这家企业的名字，然后全场掌声雷动音乐声起。在场下我与孩子做了沟通，谁知上场后孩子坚决不肯说话。当时我很机智地转移了话题，晚会顺利进行。没想到导演在演出结束后看见我时很激动：“为什么最精彩的话不继续问下去？”他难道没注意到孩子眼睛里含着眼泪吗？当时我并没有学过心理学，但我知道尊重孩子，尊重孩子的意愿，并有效控制场面。

我至今还记得那位导演，他那么热情有活力，做事特别认真，浑身上下很有艺术范儿。只是我不能认同他的观点，孩子为什么一定要重复祖辈走过的路？为什么要在那样的场合说那样的话呢。他只想到了晚会，没有考虑孩子的感受。献了青春献子孙是上一代人的选择，但每个鲜活的生命都想成为他自己。其实孩子们最不愿意接受的就是“长大后我就成了你”。

2013年圣诞节前夕，我作为嘉宾参加了在成都举行的第四届中国应用心理创新论坛，并在此期间主持自己的“读懂少年”工作坊。著名心理学家曾奇峰先生就论坛“创新”一词有独到的见解：创新是一个人携带早年母亲留给他足够好的滋养，去行走陌生的路，弥补母亲的不完美；创新是人类健康发展的最美好的表达，是一代人给予上一代人最大的尊重，给予下一代人最优雅的关爱；创新是活着的最佳方式，也是生命的终极目标。

很认同曾奇峰先生对创新的解读。我以为活着首先要做一个有创意的人，在创意的基础上不断创新，最终创造出更丰富的人生。

北大创意讲师李欣频建议年轻人不要做“正常人”，这个世界正常人太多了。她所言的正常人即是我们说的普通人，有创意的人总有源源不断的“点子”，让生命精彩纷呈。创意即从一个原定的剧本，尝试出不同的演法，而展现出不同的效果。

很多人并不想什么创意，最好及早得到标准答案，而不用多费脑筋。这是对大脑资源大大的浪费！**只有不断涌现的创意，才能把自己不断上升到新的台阶，看到更好的自己。**

当一个人的大脑充满创意，并敢于创新时，就会吸引同频率的伙伴出来。我曾经在讲课时提到绘本对我的影响，我的朋友柯羽即开始把作文教育与绘本相结合，到处寻找老师找资料，开发了深受低年级小学生喜爱的绘本课程，给大家带来很大的惊喜。

我很庆幸，自己身边的好友都很有创意。我一直相信自己是人生剧本的编、导、演，可以改变原来的人生剧本。

其实每个人都可以开启多个窗口的人生版本，试着拿张纸写下：

“我不只是……我可以是……”

这是李欣频的创意课上的内容。我自己认真做过这个练习。

我们每个人不管在什么年龄，都可以有全新的人生规划和崭新的身份。比如我可以用语言和文字自由地表达心中所想，可我还有一个梦想，用画笔表现心中所思所悟，像几米一样，对此我充满了好奇和幻想。也许有一天我还可以成为一个画家，举办自己的个人画展。一想到这些，就觉得生活无比美好。

我们试着从传统的惯性思维模式里走出来，向未来学习。当你带着创意和梦想，敢于大胆走向创新之路时，路自然会显现。

7. 吸引力法则

畅销书《秘密》的作者朗达·拜恩让大家重温了阿拉丁神灯的故事：阿拉丁拿起神灯，拭去灰尘，结果冒出一个巨人，那巨人总是说一句话：您的愿望，就是对我的命令！这个巨人就是吸引力法则，他一直都在聆听着我们的所言所思而行。

当今世界很多成功者都因获得这个“秘密”而得到他们想要的。这个“秘密”可以让我们跨越人生的种种不可能，实现一般人认为难以实现的梦想。

我们生命中所发生的一切，都是我们吸引来的。你信吗？没人想生病，没人想烦恼，可疾病和烦恼为什么却真实地存在于自己的生命中呢？其实，我们现在的一切，都是过去思想的结果。如果我们肯认真面对自己，一定会发现，我们过去的思想一定接收了太多负面信息！思想是具有磁性的，并且有着某种频率。所散发的思想，都会回到源头——我们自己。

我们必须相信自己值得拥有美好的事物，敢于从内心发出请求，并把行动与目标放在同一个节拍上。二十年前，一位女孩从技校毕业分配到国企一线班组工作。在生产企业，女性不受重视，工友们还看不惯她，因为她在作业时实在力量不够。平时别人谈天说地时，她背英语单词，更让大家觉得她是另类。当时正赶上二滩水电站建设，她只身前往建设现场寻找工作机会，最终为美国工程师担任翻译。水电站建成后，她移居美国，在加利福尼亚成家立业，顺利拿到绿卡，并考取了律师资格证。而她原来的工友还是老样子，只是按部就班地完成每天的工作，现在企业的效益也越来越差，他们开始怨天尤人。这是发生在我身边的真实的例子。每个人的生活都是自己选择的结果。

美国畅销书作家查尔斯·哈奈尔在他的《秘密》一书中，宣称有一句肯定语，能包含人类所有的愿望，还能为所有事物带来和谐的条件。这句肯定语是："我是完整、完美、强壮、有力量、充满爱、和谐又快乐的。"如果能利用"我是"这个最有力量的词语，来做最有益于我们的事，我们一定会有意想不到的收获。

所有的这一切有一个大前提：**我们必须追求内在的喜悦，内在的平静，以及内在的愿景，唯有这样做，外在的一切才会显现。**我们所求的一切，都是内在功夫。好好利用吸引力法则，让它成为一种习惯性的生活方式。

8. 最有力量的是此时此刻

什么是活在当下？该吃饭就吃饭，该睡觉就睡觉。这是佛学中常常提到的生存状态，也是心理学中对个体生存的理想状态的描述。个体的内心不被过去束缚，不被未来牵引，能够对自己当下的状态保持觉察的状态，是生命自我成长的途径。十多年前我读《羊皮卷》，读到“假如今天是我生命中的最后一天”，简直找不到一点感觉，今天怎么可能是生命的最后一天呢？正如影片《采访上帝》中提到：人们对未来充满忧虑，却忘记现在。于是他们既不生活在现在，又不生活在未来。活着的时候，好像永远不会死去。但死的时候，又好像从未活过。

后来，有了更多人生阅历，才知道，生命中最有力量的是此时此刻。

很多人在别人眼里日子过得还不错，但自身感受到的快乐却很少，内心充满了彷徨。学习体险生命中每一刻的完美与奥妙，满足于此时此刻，而不是等赚到更多的钱或孩子长大成人的那一天。最重要的是现在真正地投入生活，感受更深层次的爱、平静和启示。

不妨给自己做一个大胆的提问：

假设生命即将结束，在回顾一生时，你最想念活着的时候的哪一部分？你珍惜了吗？

耐心倾听自己内心的答案往往需要很大的勇气，但也会得到很好的启示。它会迫使我们不再麻木地过日子，必须用心活好现在。乔布斯生前曾说：生命是短暂的，不久以后我们都将走到尽头，这就是现实，但关键是要把握好现在，活在当下。

活在当下，当下就是我们正在拥有的生活。时间由无数个“现在”组成，做好当下手中的事情，体会当下的感觉，用心生活，才是真实的人生。活在当下不是消极，而是一种更乐观更积极的态度。

用心生活很重要。活在当下就是关注真实刹那，我们把大部分时间花在心不在焉上，很难用百分百的状态经历当下的每一瞬间。真实刹那另一个说法是全神贯注，全神贯注在眼前的事物上，让心灵毫无杂念地去体验当下。全神贯注的反面是麻木、没有思考、没有感觉、机械无意识地活着。而全神贯注时，就能用心感受当下自己所处的环境和正在做的事，而不是麻木地让眼前介于过去和未来的瞬间，成为又一个即将逝去、将会遗忘的时刻。

有一个关于禅的故事：一个弟子向师父请求开启生命的智慧。师父注视了这位焦急的弟子一会儿，拿起笔写下“用心”二字。弟子不解，着急地请师父赐教，师父又写了一次“用心”。这时，年轻的弟子很丧气，完全无法理解师父要教给他的道理。于是师父再次耐心地写道：用心、用心、用心。

因为麻木，你才会抽烟、喝酒，无视健康，不知道自己在慢性自杀和伤害所有爱你的人。要想拥有全神贯注的状态，就要用心迎接生命为你展现的每一刻，全心全意活在当下。

有一首歌《我想去桂林》这样唱：“我想去桂林呀我想去桂林，可是有时间的时候我却没有钱，我想去桂林呀我想去桂林，可是有了钱的时候我却没时间。”歌词颇能让人产生共鸣。忙，是当下人们生活的状态，就是因为太忙，内心反而更茫然，生活更盲目。

很多时候，我们做不到全然投入，现代人的明显特征就是一心二用，三心二意。看起来做的事挺多，人也挺忙碌，却在不经意间扮演了生活杀手，扼杀了生命的色彩。在生命的过程中，每次集中力量做一件事，把我们所有的能量和全部注意力投放在每一步上面，这样可以将活力注入我们所做的每一件事上。

培养面对事情的全然投入状态，有几个小技巧。建议常常做“此刻冥想”，尤其在寻找全神贯注的感觉时。无论开车、做饭、吃饭、散步或做任何事，都可以用上这一招。让心灵放松，用心去体会当下。你可以尝试一下：

每次练习都以“此刻，我在这儿，就在此刻……”作为结束。每句“此刻”之间，可以做一次轻松的深呼吸，它能使你很快地进入当下。

英国物理学家赫胥尔有句名言：仅仅存在便已是福气，仅仅活着便已是神迹。你活着，你在这儿，你拥有明天，这就是福气，享受寻常生活里唾手可得的神迹，都会是你最神圣的当下。是的，你就是自然界最伟大的奇迹，要用全身心的爱迎接每一天生活的邀请。活在当下要有一颗知足的心，一颗珍惜的心，一颗快乐的心，一颗享受的心，一颗专注的心。忘记过去，也不痴想明天。放下一切包袱，快乐地投入到唯一可以把握的现在。

在时间的坐标上，没有过去，也没有将来，只有现在。请真正地体验生活，并享受生活的各种快乐，世上最有力量的就是此时此刻。

幸福的练习8：微笑的力量

闭上眼睛，脑海里出现你现在最讨厌的人或最烦心的事，把他们带到眼前，去感受你的情绪。虽然很气愤，试着做出微笑状。只要微笑，身体就会慢慢产生快乐的因子，慢慢放松。拿出勇气面对他们，微笑着与他们对话，当可以接受他们的存在时，再从心里送他们慢慢远去。

很多时候我们想起烦心的人和事很头痛，恨不得离他们要多远有多远。事实上越这么想，它越占据我们的内心。换一种方式，既不打扰他们，又锻炼自己。这个方法看起来有点傻，但真的是特别有用的方法。

案例篇

1. 不愿回家的夏小雪

下班后进入住宅小区，夏小雪放慢了脚步。离家越来越近了，她却不想回家。家里有个超级强势的婆婆，让夏小雪内心极为抗拒。她知道此时婆婆已经准备好了饭菜，老公也把儿子从幼儿园接回，全家人都在等她，可她真不想回家。

夏小雪在邻居们眼里漂亮又能干，为了事业，一直快30岁了才要孩子。儿子出生后，夏小雪主动打电话把婆婆请来，因为这时老公要调到上海总部，希望婆婆来家里能助她一臂之力。婆婆欣然前往，夏小雪热烈欢迎，把家里的钥匙和生活费全都交给婆婆。没想到老公走后，婆媳的关系急转直下。除育儿观念上有极大的分歧外，夏小雪最受不了的是婆婆对她的控制，时不时提醒她："别忘了你是有孩子的人了。"这话让夏小雪极为反感。夏小雪生日那天，朋友要为她庆祝一下，并精心策划了很多惊喜的活动。夏小雪回家后安顿好儿子就开始收拾打扮，此时婆婆在身后开始盘问起来："要去哪里？""都有哪些人？"夏小雪心中十分反感："我是成年人，有自己的朋友圈。告诉你都有哪些人，你也不认识啊！"后来朋友送给夏小雪一大捧鲜花，她都觉得像烫手的山芋，回去又该怎么跟婆婆解释呢？虽说自己心怀坦荡，但却架不住婆婆的胡思乱想。而且不知为什么，生了孩子以后她的情绪变得难以控制，常被婆婆的话激怒。婆婆说话很直接："你有什么了不起的，不就多挣俩钱吗？"婆婆还会曲解她的意思，并先发制人大吼大叫，甚至摔东西。夏小雪委屈万分，被激怒时甚至想跟婆婆动手。但有一个声音在耳边回响："不能啊！她毕竟是丈夫的母亲，孩子的奶奶。"为避免失控的局面发生，夏小雪希望婆婆能到她的女儿家住些日子，但婆婆态度坚决："这是我儿子的家，我哪儿都不去。"

夏小雪对老公也是一肚子的不满。自己是企业中层干部，收入是老公的3倍。老公是普通机关职员，性格温和内向，一直没有得到提拔重用。以前夏小雪两口子相亲相爱，夏小雪是公认的美女，老公对她倍加呵护。夏小雪也觉得老公虽然挣钱不多，但全心全意爱自己，是个会过日子的人。同时她也认同老公的业务能力，事业发展不如自己只是机遇不好而已。夏小雪在工作上遇到问题还常请老公出谋划策，老公是她最信得过的人。小区里人们经常能看到夏小雪两口子有说有笑牵手散步的场景。可现在夏小雪却对老公强烈不满，她暗想：如果老公能像棵大树一样让她靠一靠，何至于像现在这么辛苦。夏小雪生育前在企业任办公室主任，休完产假后被安排到生产一线任车间主任。虽然收入不变，但夏小雪内心极为反感现场的粉尘和噪音，常常感觉头晕胸闷。想想生产现场的环境和压力，夏小雪对老公又多了一分不满意。如果他收入高、地位稳，就会支持妻子到一个清闲的地方去，不会让她一个女人穿着一身工装在现场打拼。现场每天都会有新问题，而与一线工人打交道却不是她的强项，既要给问题员工做思想工作，还要解决现场的突发事件，搞得她身心俱疲。而老公的工作却是如此轻松，十年如一日地从事财务工作，轻车熟路，几乎没有压力，这让她心里十分不平衡。

夏小雪的老公为了家庭和睦及孩子的健康成长，主动要求从上海调回来。老公回家后看到母亲在家中努力干活，也没少指责妻子。看着年迈的母亲做很多家务，他很心疼母亲，也理解工作忙碌的妻子。但他不是一个擅长表达的人，他的劝解让母亲和妻子都感到不悦。夏小雪认为老公回来并没有有效调解婆媳关系，越看老公越窝囊，对他的态度也越来越冷漠。

夏小雪是一个非常注重仪表的人，她对老公在腰上挂钥匙很反感。曾跟老公提过建议，老公也试过放在包里，但觉得不方便，又挂回腰间。这让夏小雪很不舒服，她总觉得这是素质差的表现。从此她也不再提这事了，但心里和眼神里都充满了对老公的轻蔑，即使看到他在家中打喷嚏都会觉得反感至极，老公在门外吸烟更会让她感觉厌恶，她认为一个连戒烟的毅力都没有的男人是不会有大出息的。老公在上海干了两年，业绩不明显，更让她觉得老公不懂把握机会。夏小雪想到要跟这样一个没情趣、没品位、没激情、没能力的人过一生，就觉得很绝望，何况家中还有一个高嗓门的农村婆婆，更觉得这日子黑暗无边。唯一让她安慰的是儿子聪明可爱，如果不是因为儿子，她早就想结束这样的日子了。她觉得自己能力很强，离开老公也会过得很好。

明知道全家人都在等她，可回家的脚步却越来越沉重。婆婆心直口快，喜欢评论她的生活，且说完就忘，可夏小雪却不接受，她认为：你伤害了我，凭什么一笑而过？！

她曾跟好友倾诉过自己的痛苦，但朋友的劝说安慰却无力解决任何实际问题。别人眼里光鲜能干的夏小雪，自我感觉活得如同行尸走肉，她不知道这样的日子何时是尽头。

★ 解读夏小雪的烦恼

夏小雪认为自己的烦恼是由婆婆、老公和新的工作岗位变动带来的。她一点没意识到自己对别人的负面影响，她执着地认为自己的生活就应该过得美好，内心难以适应婆婆到来后自己家庭生活的变化，对老公也产生诸多不满情绪，让她对生活备感失望。她认为自己各方面的条件都很优秀，就应该过得比别人更好才对。而事实上，她日子过得相当不堪。

其实，这个家中不快乐的不是夏小雪一个人。婆婆认为夏小雪不会做家务，屋子里东西放得太零乱。自己的儿子非常优秀，不仅仪表堂堂，孝顺长辈，对人特细心，凭什么看媳妇的脸色？媳妇收入高就能在家中趾高气扬吗？夏小雪不自觉采用了冷暴力，但强势的婆婆也不甘示弱。夏小雪的老公更不轻松，他知道妻子工作压力大，也深知母亲不容易，面对母亲与妻子对自己表现的不满意，他左右为难。家中紧张的气氛无形中影响到儿子，儿子经常生病，妻子和母亲互相埋怨，面对这一家老小，他内心压力也很大。

夏小雪认为是婆婆的到来，让自己的家变得不再和睦。加之老公能力比自己弱，让她感觉不到安全感，每天回家根本没有什么幸福和温暖而言。事实上是她自己影响了这个家的气氛，而不是其他人。从经济上讲，夏小雪对家庭的贡献最大，她的潜意识里觉得自己是家庭中最有发言权和决策权的人。而婆婆的出现打乱了她自以为是的格局。夏小雪该自问：如果我是婆婆，当儿子不在家时会怎样观察儿媳妇的行为？会有什么样的心态？婆婆表现的只是一个母亲的正常心态，只不过婆婆心直口快说出来了而已。夏小雪应该明白：婆婆作为农村妇女含辛茹苦带大两个孩子，且让他们都接受高等教育，这与婆婆争强好胜的个性不无关系。当她感到危及自身安全时，常常会先发制人，变被动为主动。对于这一点，夏小雪只要多想想，就不难理解。而她虽然表面上没有与婆婆争吵，实质上她对婆婆实施了冷暴力。

夏小雪总觉得男人就应该儒雅、稳重、成熟、有实力，待人谦和彬彬有礼，其实那只是她对心中理想的男人的投影。而老公却不能给自己带来成功男人的感觉，特别是自己到了新的工作岗位面临一系列新问题时，觉得老公难以成为自己可以依靠的大树。

夏小雪从来没有觉察到自己的问题，她对生活总是感到不满意。追求完美是一种极端的心理性格，虽能驱使人奋斗不息，努力达成目标，但也常会因树立的目标过高，又自我要求太多，徒增压力。

在别人眼中，夏小雪是很幸福的，自己漂亮能干收入高，老公疼爱有加，孩子聪明可爱，还有一个能分担家务身体健康的老人。只有夏小雪觉得自己不幸，她希望身边的人都变成她想要的样子。事实上夏小雪谁也改变不了，唯一可以改变的是自己。

★ 夏小雪如何找到出口

夏小雪是最有能力影响整个家庭的人。如果她不能面对家庭的现状，选择逃避、消沉的态度，只会让情况越变越糟糕。夏小雪该怎么让自己走出心灵的混沌呢?

（1）接纳。面对已经发生的事情和现状，明智的做法就是接纳，接纳一切你想要和不想要的。只有心悦诚服地接纳它，才能面对它，解决它。夏小雪必须接纳婆婆来了，且暂时不会离开自己小家庭的现实。如果夏小雪内心一直抗拒，就是在回避问题，她的痛苦更难以言说，而且她的情绪会影响到家人，而家人无形中也会把负面的情绪反射到夏小雪身上，由此形成恶性循环。生活不会十全十美，亲人更是无法选择。凡事有度，热衷于完美，只会与初衷脱节，变得非常挑剔。痛苦、焦虑、失落种种消极情绪随之而来，把自己和周围的人都搞得疲惫不堪。接纳带来平安和更有效的后续行动，而抗拒只会带来更多的烦恼。

（2）换位。夏小雪如果能够觉察自我的思想与行为，站在婆婆的立场考虑问题，可能就不会像现在这样内心如此抗拒。婆婆来了就该做饭带孩子，这本身就是不合理的想法。但夏小雪心里认为这是理所当然的，否则她不会请婆婆来。如果她能换位思考，体察到婆婆做母亲的心态，与平时为自己小家庭的付出，她对婆婆的态度应会转变。如果夏小雪能站在老公的角度，想想如何面对能干的妻子和母亲，也会对老公多些体谅。

（3）放下。夏小雪对老公有很多期望，当老公达不到她的期望时，她变得十分无奈、失望。其实她完全没有必要对老公有太多的要求。她放大了老公事业的不成功，性格上的弱点，甚至对腰上挂钥匙这样的细节均不满。只有放下对他人的高要求，放下想改变他人的想法，自己的内心才会轻松。

（4）珍惜。事实上夏小雪的生活是不错的，关键是夏小雪放大了生活的负面效应。孩子幼儿期正是成长的关键时期，夏小雪作为母亲应该把更多的精力放在孩子的培育上，而不是一味纠结于婆媳矛盾中。婆婆年纪已大，老公还要相伴一生，孩子又在最需要爱的阶段，夏小雪应该做的是珍惜拥有，活在当下。能够对自己保持觉察的状态，是生命自我成长的重要途径。

（5）控制。人与动物最不同之处，是可以做到自我控制。要有意识地用“第三只眼”看自己，有效控制自己的情绪和行为，避免发生难以挽回的结果。自我控制亦是个人成长的重要内容，在这一过程中不仅要做到自我监控，还要学会自我激励和自我教育。

2. 与快乐绝缘的海怡

海怡身材修长、五官精致，但她暗沉的脸色让人难以发现她的美。

从参加工作到现在，海怡的脸上始终写满愁容倦意。海怡自己也认为她与快乐无缘。刚过不惑之年的海怡是一家中心医院的内科医生，也是公认的才女。在业务上她是绝对的骨干，在国际医学杂志上发表了多篇医学论文，去年还破格评了高级职称。

大家对海怡的评价是恃才傲物，医生护士都不太愿意与她合作。她原则性很强，以专家自居，与她交流意见不是件轻松的事。她对病人很严肃，没有一点笑容。她的解释是：如果医生不能为病人解除病痛，仅会微笑有什么用！周围的人对海怡在业务上出众的能力充分认同，但大家不愿靠近她，能跟她少说一句话就少说一句。工作很忙很累，她无暇顾及他人的感受，只有一个心思：解决病人的痛苦。她觉得自己是个外冷内热的人，病人治愈出院让她特别有成就感。当病人千恩万谢时，她也只是淡淡地点点头，转身又去忙下一个病人了。她从不说暖心的话，也从不收病人的红包或礼物，大家对她又敬又畏。有人背后说她总是拉下脸给别人看，脸比马脸还长，还有人说她的面相就是愁苦相，不是过好日子的人。虽然她外形高挑漂亮，业务又强，但她并不快乐。海怡本人好像更享受独孤的状态，她不希望有人打扰她的世界。海怡认为自己是痛苦的，孤傲的，她的内心像大海一样孤寂。

海怡并不看重大家怎么评价她，她只跟业务精深的医学教授、导师谈得来。海怡的脸上永远布满愁云，好像有思索不完的问题。更让人惊叹的是，在海怡身上总是会发生一些让人意想不到的事，且接连发生。

海怡的老公出轨了，“第三者”是海怡为数不多的一位好友。海怡与老公是大学同学，平时海怡觉得老公了解她的一切，关心她体贴她都是应该的。结婚后海怡坚决不要孩子，老公想要却没有办法。海怡也知道老公对她十分隐忍，但工作太忙，下班后很累，她实在没精力与老公交流彼此的感受。她原以为一家人就应该这样，却没想到自己的好友跟老公走在一起了。海怡觉得受到了莫大的屈辱，不听老公和好友的任何解释，坚决离婚。海怡一心想离婚后活得更精彩给他们看看。可离婚后没过多久，海怡在外地出差时发生了车祸，虽然身体无大碍，但脸上却留下了一块伤痕。其实海怡脸色一向晦暗，她脸上的伤痕几乎不易察觉，但她却觉得自己的脸破了相，心情糟透了，脸色更加难看。海怡觉得自己全身心都扑在工作上，业务能力有目共睹，科室主任被提拔为副院长后，她应该名正言顺地成为科室主任，可最终院方任命的人却不是她。事业受挫让海怡深受打击，她觉得自己受到不公正的对待，新提拔者的资历、学历、职称、临床经验都不如自己，她直接冲到院长办公室怒斥选拔干部不公平。一连串的事情让海怡深受打击。

海怡失落至极，她觉得自己成了孤家寡人。失去了老公，失去了好朋友，婚姻没了，又遭遇车祸惊魂破了相，工作上尽心尽力却没得到应有的认同与回报。为数不多的几位好友听够了她的牢骚，一般同事又对她避之不及。海怡觉得自己被生活完全抛弃了，她痛恨老公和朋友的背叛，怨恨院领导看不到她的能力与业绩。海怡开始失眠，她怎么都想不通为什么倒霉的事全让她遇上了。而此时海怡的身体也经常感到不适，有时胃痛得死去活来，强忍胃痛有时会让她产生一种奇怪的快感。她知道别人都说她表情悲苦，给同事和病人脸色看，其实她对家人也一样是这种脸色。面对生活，她实在笑不出来。海怡不知道自己这样活下去还有什么意义，也许有一天她会以一种极端的方式结束生命。对她来说生活工作处处不如意，活着太痛苦了。作为中心医院内科的内分泌专家，她深信自己体内的内啡肽天生就少，她好像是快乐的绝缘体。

★ 海怡怎么了

不难发现，海怡是个很自我的人，她非常在意自我的感觉。在医院她以为业务好就是一个好医生，精湛的医术让她颇为自信。她在树立自己的权威，她不屑于用笑容给病人温暖，她的责任就是药到病除救死扶伤，而不是微笑服务嘘寒问暖。与同事相处她也是就事论事，没有其他的交流与沟通。她只想抓紧时间治疗病人，可同事对她的印象却是无力亲近拒人千里之外。谁愿意跟这样的人交朋友呢？她有做不完的事，且无心交朋友，于是她的朋友越来越少。但她浑然不知，反而觉得朋友在一起谈天说地是浪费时间。

海怡无疑是才华出众的人，她内心非常骄傲。在家庭里她也同样以自我为中心，态度强硬地表示不要孩子，而没有好好与老公沟通，去在意老公的感受。老公与她的好友发生密切关系，海怡自身是有原因的。可海怡没有自省，以受害者自居，不给对方任何机会，坚决离婚，实则是不给自己留退路。她的单向思维认为婚姻就应该彼此忠诚，老公就该对她一心一意，却从不反思自己的所作所为。离婚，让她的生活陷入更加孤立的境地。随后她又遇车祸，紧接着与升职机会失之交臂，接二连三的打击让她内心冲突越来越激烈。以海怡这样的个性，即使业务再精，都不适合做室主任。一个不善沟通的人如何担当管理重任？而海怡片面地认为只要业务第一就行。海怡是典型智商高情商低的人。车祸后脸上留下的疤痕，在她的内心又放大了伤痛。这个伤疤不在她脸上，而在她心底。

在人际关系上，海怡让人觉得无力亲近，而她本人也不想与人保持亲密关系。结果与同事和朋友渐渐疏远。失去朋友和同事的理解和支持让她内心备感孤独。

海怡把自己定位为快乐的绝缘体，自认为自己天生缺少快乐的能力，且享受痛苦的心灵体验。事实上，正是因为海怡的这种心理，引发了一连串的事情。与快乐绝缘，就是与不幸绝缘。而发生在海怡身上的这些事情原本都是她个人可以控制的。一个享受痛苦体验的人招致了一系列不幸事情的发生，如果按她这种消极思维蔓延下去，对消极情绪感受视而不见，海怡会把自己带到生活的绝境。所发生的一切都是海怡自己无意识选择的结果。

★ 海怡的出路在哪里

（1）学会反省。海怡最应该做的是反省，她沉浸于自我的世界里不愿自拔，根本不在意他人的感受。海怡应学会从诸多事件中跳出来看自己，自己是否把对家人的信任，对病人的关心表达出来。学会辨别自己的感受，寻找到自己的感受，因为感受，让我们真正活着。试着在意别人的感受，从他人细微的变化中察觉别人的需求。如果我们总是站在自己的立场上和别人打交道，就是活在自己构建的主观幻想世界里，而不是和一个真实的外部世界沟通。走出自我幻想世界的最好办法就是学会理解别人，学会设身处地替别人着想。

（2）学会微笑，学会表情达意。海怡尽管长得漂亮，但她从来不笑，见谁都是一副愁眉苦脸的样子，加之不愿意与人主动交流，久而久之，大家都对她敬而远之。其实一个人的面部表情很重要，爱笑的人就像阳光一样吸引大家靠近，而冷若冰霜的人，也会让人不由自主选择远离。心理学家做过一项实验：要求被试验者尽力做出一幅微笑的表情，只要保持住一段时间，即便没遇到什么值得高兴的事情，他也会拥有一份愉快的心情。此外，面对他人微笑还能让你感受到对方的自信与友善，而这种自信与友善反过来会感染你，让你建立积极的心态。幸福的表情很重要。

（3）融入环境。人是环境的产物。如果与环境和谐相处，那就如鱼得水，自由自在。反之与环境格格不入，就会处处碰壁，诸事不顺。人类活动对整个环境的影响是综合性的，包括观念、制度和行为准则等。人在职场，关系融洽，心情就舒畅，这不但有利于做好工作，也有利于自己的身心健康。不妨学习一些处理人际关系的小技巧。有时故意显露笨拙的一面，使对方产生短暂的优越感。一个人面对比自己优秀的人，只会增加心中的挫败感，也就自然而然产生了反感。其实有时在同事、上司面前故意表现出单纯的一面，激发他人的优越感，自身反而受益。交流中还可以说些私事，从而拉近彼此间的距离。开门不一定要见山，一见面就谈工作，铁定会让人反感。不妨暂时抛开主题，先谈及共同的话题，或自己的繁杂琐事，以求达到心灵的共鸣。“距离产生美感”，但距离太远，就会产生隔阂。一些小的技巧可以帮助缩小与同事间的距离，维持良好的人际关系。

（4）积极关注。用积极的语言提示自我。海怡经常说“我怎么如此不幸，他们背叛我！”“为什么主任的人选不是我？医院怎么对我这样不公平！”她不仅对别人的态度冷漠，对自己也很苛刻。这种性格的形成可能跟她的原生家庭有关。此时的海怡必须学习改变习惯的思维方式和语言，如不再说：“忙死了”“我真累坏了”，而要说“忙完了这件事，现在心情轻松多了”。不要认为自己在不利事情发生时处于被动地位，而要认为自己是能够扭转方向的人。人是按照你自己的选择成为的那种人的，你在他人眼中的形象也是按照你自己的意愿呈现出来的。从某种程度上说，是海怡自己把一些不幸的事情吸引来的。她认为自己是充满才华的、忧郁的、孤独的，于是她就成为这样的人。如果海怡愿意给自己重新定位，以阳光的心态面对自己和他人，她的生活一定会发生全新的变化。海怡个性孤傲，且没什么朋友，要改变自我心理状态会很难，过程也会很漫长。她长期一脸冷漠的表情与她的原生家庭、个人的成长经历会有很大关系。心灵迷惘的海怡不妨去寻求专业心理咨询师的帮助。

3. 被伤害的亲子关系

楼上又传来父亲高声的怒骂和孩子撕心裂肺的哭叫声，邻居们都习以为常，知道五楼那家又打孩子了。邻居听说这家父母都是搞教育工作的，可怎么管不好自己的孩子呢?

这个家庭的男主人吴刚是市教育局的干部，分管全市中小学的德育工作，女主人晓娟是一名大学教师。吴刚经常出席教育系统的会议，说起教育头头是道，可他却教育不好自己的孩子，儿子小强让他伤透了脑筋。上高二的儿子不仅学习成绩差，还染上了网瘾。父亲吴刚觉得儿子让自己很没面子，总觉得别人在背后评论他。人们从小强身上看不到一点青少年的朝气蓬勃的精神头，他像个小老头一样精神萎靡。儿子从小就不喜欢父亲，他希望母亲能离开父亲，自己和母亲一起生活。在他眼里，父亲是个暴君。

儿子小强控制不住自己去网吧的脚步，父亲吴刚也控制不住自己暴打儿子的行为。如果妻子晓娟护着儿子，他会毫不留情地连妻子一起暴打，他觉得儿子不争气都是妻子无原则溺爱的结果。而妻子晓娟每次都能忍，她能理解吴刚的怒气，包容他的发泄。一次吴刚对母子俩大打出手后，还高声叫嚷着“滚！你们俩给我滚出家！”晓娟却强拉着儿子让他给吴刚下跪，哀求吴刚不要让他们离开。母亲的行为让小强极度失望，但母亲一次次含着泪对儿子说：“我都是为了你！”

在小强的印象里，从小到大只要成绩不好就要挨揍。父亲对他教育的方式就是打，常常因为一点小错就大打出手。有一次父亲把他从楼上一直打到楼下，后来他就不爱上课了，经常迟到、逃学、情绪低落、精神萎靡，对学习失去了兴趣，晚上失眠，甚至想辍学。他的不良表现招来父亲更多的打骂，他对父亲的仇恨也一点点增加。

从事教育工作的吴刚，自己都觉得很丢脸。虽然每次打完孩子他也会内疚，但再次发现小强表现让人失望时，他对小强照打不误。

一次吴刚边打小强边叫着：“我打死你！”17岁的小强抓住父亲的双肩吼道：“吴刚，我要杀了你！”这一声把吴刚和晓娟都惊呆了，意识到再打下去就有不可收拾的后果。吴刚瘫软在沙发上，晓娟直哭：“孩子，你怎么可以对你爸说这样的话！”从此，父子陷入冷战。奇怪的是，每次小强生病，吴刚也会感到不适。如果小强发烧，父亲就会觉得头痛嗓子痛。临近高考了，父子关系没有丝毫缓解。

晓娟很着急，却无能为力，她只有哭泣和叹息。高考在即，可小强的成绩越来越差，母亲为小强找了补习班，可补课老师说小强经常逃课去网吧。母亲只好守着他，他对母亲说知道去网吧不对，知道这样会让母亲生气，可就是管不住自己。父亲吴刚虽然没有与小强亲密接触，但心里依然牵挂。他不知道这个家怎么会发展成这个样子。他在工作上很有能力，在教育系统很有影响力，在每次全省的工作评比中成绩出众，而儿子却是他的软肋。他也搞不清楚，自己是否适合从事教育，特别是德育。他觉得自己有双面人格，有时他都不认识自己。人到中年，与儿子的关系达到水火不容的地步。每当看到儿子冷漠仇视的目光，就觉得自己这一生太失败了。

★ 为何父子关系会陷入泥潭？

吴刚的家庭之所以成为今天的样子，当然跟吴刚随意打骂儿子有直接关系，他使成长中的儿子失去安全感，失去尊重，最后自我放弃。父亲的责任在哪儿？他太在意孩子的成绩，在意孩子行为的对错。当孩子成绩不好，表现不好时，他采取了简单粗暴的手段，他没有给孩子肯定、信任和支持。父亲打骂，母亲袒护，儿子借此让自己陷入“壳里”，变成消极的人。儿子排斥父亲，依恋母亲，这种依恋的关系让他不愿长大。母亲晓娟一意要保持家庭的完整，甚至要儿子向父亲下跪哀求。看起来她是在忍辱负重，事实上她与儿子结成了同盟。她太热衷于母亲的角色。17岁的儿子在心理、生理上已经成熟，但母亲意识不到这点，她要做儿子的保护神，同时她也不能失去丈夫。而愿意对母亲不断呈现问题的儿子，并不是因为妈妈有多么尽职，而是儿子要控制母亲，他要使母亲离不开他。小强的母亲认为“他爸就知道打孩子，如果我不管这个孩子就完了”，这就使儿子和母亲的距离亲近，在家庭关系中把父亲给抛弃了。17岁的小强认为他现在的样子是父亲的打骂造成的。他把父亲的打骂作为自己学习成绩下降、无力面对挫折、沉迷网络虚拟世界的理由。事实上，是他自己选择了这样的路，是他自己放弃学习，沉迷网吧的，而不是父亲造成的。对于17岁的小强来说，很多行为都是可自控的，而不是被迫的。

吴刚的家庭关系有很多问题，而关系不是一朝一夕形成的，而是长期互动的结果。这是谁的责任？如果把时间拉长就会发现，这里没有因果，认为是原因的东西，本身可能是结果，因果是互换的、循环的，而且经过无数次循环形成了现在的格局。重要的是观察关系，而不是观察家庭教育中的对错，家庭关系是一种存在性的关系，没有谁对谁错。

从事教育工作的吴刚掌握非常正确的教育方法，但自己的亲子关系非常糟糕。他不明白为什么造成这样的结果。其实正是他太重视教育了，过于看重孩子的成绩和在校表现，反而忽视了与儿子的亲子关系。晓娟以为无微不至照顾孩子就会得到良好的亲子关系，其实不然。良好的亲子关系是母亲理解孩子，孩子理解母亲，母亲绝不把自己的意志强加给孩子，不会动不动就说："我这么做都是为了你。"

吴刚夫妇都从事教育工作，但他们没意识到亲子关系大于教育。这也是他们自我感觉失败的原因。其实父母不需要说很多教育理念，不必要告诉孩子该怎么做，只要保持良好的亲子关系就行。良好的亲子关系不是过度亲密、依恋的纠缠关系，而是一种相对独立、自由、和谐、彼此相互尊重的关系。教育的正确或错误不重要，有效才重要。吴刚回到家中还扮演教育官员的角色，效果只会适得其反，他表现得越权威，儿子越不听话。这种无效结果让他遇到问题就会恼羞成怒大打出手，直接破坏家庭关系。其实社会和家庭的现实并不像教育家的理论那样理性和单纯，实用的教育才是好的教育。当吴刚与儿子建立和谐的关系时，很多问题就不再是问题了。当然，良好关系的重建需要一个漫长的过程。

★ 学会在创伤中让生命成长

吴刚的家庭看起来问题多多，是不是这个家庭就没有重获幸福的希望了呢？其实父子关系痛苦了，痛苦就是觉醒，就是自我觉察。只要家庭成员有坚定的信念，找到自己的角色定位，用成长和发展的眼光看待家庭的每一个成员，幸福并非遥不可及。

（1）悦纳自我，找准角色定位。这个家庭的男主人吴刚是一个爱的能力欠缺的人。首先他不够爱自己，不能接受自己一方面是教育官员，一方面又无力教育好自己孩子的现实。他不满意的不仅是儿子，更是他自己。一个不爱自己的人，是没有能力爱别人、包容别人的人。于是，他对亲生儿子的爱也附有条件。女主人晓娟把“一切为了儿子”解释为爱，其实她是舍不得放手，使孩子在依恋的环境下不愿长大。母亲对孩子的爱是以分离为目的，应该让孩子自己去成长。在这样的家庭环境中长大的小强不懂得怎样得到爱，付出爱。于是他让自己沉迷于网络虚拟世界。

如果家庭成员能从心底接纳不完美的自己，并且找准自身的角色定位，情况可能会大不同。

（2）尝试改变，在创伤中成长。只有父亲才能真正引导男孩长大。男孩在成长的过程中希望得到父亲的认同，这个时候如果父亲挫败他、批评他、打骂他，孩子就很难形成对父亲的爱。孩子会产生畏惧感，并与其保持距离。最终对父亲表现出强烈否定和攻击情绪。父亲的责任在哪？在于他只在意自己作为教育官员的感受，而不愿去了解儿子的痛苦，在非常关键的时候没有给孩子心灵上的支持。对于父亲来说，应该多给儿子一些鼓励和支持，少些否定和批评，更不能打骂。孩子的成长比成绩更重要。父亲应该试着改变，多看孩子的优点，并且去放大它。

每一个孩子成长的过程中都会伴随创伤体验，这是成长的需要。对于17岁的小强来说，父亲暴力带来的创伤远远没有自己的生活态度变得消极带来的伤害大，真正伤害到小强的是他自己的态度。小强的创伤迟迟不能愈合且不断恶化，这只能说明小强自己不愿意成长。

对小强来说，必须自己面对问题。只有他才能对自己的现在与未来负责。对于这个男孩来说，从现在起要做一个决定，选择消极逃避的生活方式还是积极面对生活，如果他不做这个决定，谁也帮不了他。

如果父子都愿意改变，就会在创伤中成长，温暖的亲情会抚平创伤。

（3）正视现实，寻求心理帮助。俗话说“冰冻三尺非一日之寒”，如果靠现有的能量不足以重建自己的心灵时，专业的心理咨询会给予及时有效的帮助。心理咨询师运用心理学专业的技术和方法，帮助来访者解除心理问题。他不会像熟人或朋友一样针对某件具体的事情单纯地出主意想办法，而是让你学会面对问题时应保持应有的觉察，帮助你认识自己与社会，渐渐改变不合理的思维、情感和反应方式，并学会适应现实生活的方法，获得一种自我成长与提升。

心理咨询可以帮助人们更好地认识自己，并且更好地让自己和他人相处。每个人的过去都为现在打上了深深的烙印，而心理咨询最大的功能就是让你全面深度地反思自我，审视自己的过去。通过了解自己经验的形成过程，观察是否有对自我判断的曲解或对某些经历、情感体验的过分关注，观察自己的“现在”，了解困扰的来源，从“过去”的束缚中走出来，进入新的世界，借此而洞悉未知的未来。

心理咨询可以帮助人们理性地认识外部世界以及自己与外部世界的关系，帮助我们建立和谐稳定的关系。通过心理咨询可以学会一些有效沟通的技巧，能够有效地区分问题的发生是个性不同还是观念不同所致，和不能亲密的人保持和谐关系，和亲密的人保持亲密关系，这是人格成熟的表现。

4. 患纠结症的许小美

说许小美患有纠结症是温和的说法，真实情况是她得了纠结癌。原本善良、对人毫无恶意的她，在不经意间把周围的关系搞得一团糟。

许小美自身条件不错，原本握着一手好牌：年轻、漂亮、高学历，职业也不错——记者。从硕士毕业到报社，她已工作近5年。领导说按常规她早该提拔了。而现实是她在工作中失误不断，以至于让她停职反省，甚至让她去送报纸。领导也认为：让一个研究生送报纸也不是个事，只希望提醒她做事认真。

许小美是怎么看这件事的呢?

小美的态度是：这下我有时间可以好好看书了，准备博士考试。

小美对工作失误没有反省的态度，让主管再一次心凉，而小美也在背后称主管领导为“小头目”。她认为自己有更高远的志向，冲出三四线城市，去考中国人民大学或复旦大学的博士。小美是有梦想的。

然而，梦想很高远，现实很残酷。

父母坚决反对28岁的小美再考博士。一是她现在的岗位得来不易。二是她是家里的独生女，不希望她离家太远。三是她确实该考虑恋爱婚姻问题了，而她现在连个恋爱对象都没有。当父母的哪有不关心儿女婚姻大事的。

小美与父母发生了激烈冲突，即使同住本城也不回家，称新闻采访任务重，选择住单位宿舍。

小美看了很多心理学的书，理论学了一大堆，就是没在她身上起到任何作用。在她眼里，父母成了撕毁她的蓝图、阻挠她梦想的人。看着她精神萎靡不振，整日以泪洗面，父母的心先软了：天下没有哪个当爹妈的不爱自己孩子的，如果女儿不快乐，自己也不快乐。你想考就考吧，只要你过得好就行。

平时人们看到小美都在埋头学习。她一次次地请假出去考试，在北京、上海，遇到一群住青年旅店，都是专心要考博士的人，有的还是年轻的妈妈，顶着两个家庭的压力出来考试。小美一次次被鼓舞：原来世上还有这样一群坚持梦想的人，我跟她们才是同路人。家乡三四线城市的同事和家人，不知道外面还有那么多人在为了梦想而奋斗。

梦想一次次被点燃，却在一次次回到家乡后被泼冷水。要命的是，她考了两次，英语都没过关。可她天天都在学英语啊！

她每天都很忙，时间不够用。她不回家，父母就去宿舍看她。不看则已，一看心疼不已，原来小美以吃方便面度日，女孩子整天吃方便面怎么行呢？

小美想如果一直考不上，可以花钱去读一位自己最喜爱的国内某著名经济学家的进修生课程。她上过这位老师的课，觉得她比身边所有的人都懂自己，被看到、被理解、被欣赏、被鼓励，在老师身边感到自己的心回家了。

她发表了不少关于这位经济学家的文章，并得到好评，这更增强了她要跟这位经济学家学习的决心。可要成为这位经济学家的进修生需要四五万元学费，她如何拿出这笔学费？事实上她为了学习与考博，几乎没有积蓄。于是她想到众筹。她写了文案，大概内容是为什么想学习，学习能为大家带来什么，需要支持众筹学费的数目。她表示，如果众筹成功，她有机会跟随著名的经济学家学习，将提供课程笔记、为大家撰写文章等。朋友回复：不现实，有钱都不借给你。同事与上司也觉得她的行为不合适。

如果只是出于个人爱好，不影响本职工作也好。事实上，拎不清的小美在职场表现的成绩单确实乏善可陈。

作为记者，她被认为不专业也不敬业。主要是她在采访前准备工作不足，采访时的提问让对方感觉很不舒服。这倒没什么大错，只是让人感觉与她交流如同白开水，太无趣、太寡淡。人家认真准备，可她是应付工作。对方感觉浪费彼此的时间，总觉得这个姑娘做事不踏实。在同事眼里，她的专业度和敬业度都远远不够。

职场内不擅沟通表达，常遭误解。小美从一个部门调到另一个部门。她把第一个部门的习惯带到第二个部门，还说："我们以前都是这么干的。"谁知这触犯了现任部门领导。请记得你现在的岗位要求！

有时，小美都不知道她怎么把别人得罪了。

小美爱学习，经常请假外出。因为新闻采访有一定的灵活性，有时报社领导对她的考勤比较松，想着她学习了也可提升业务水平。可时间久了，报社同事却感觉不爽。她所谓的学习好像没带来业务上实质的提高。而她外出时，同事们顶起了她的工作，她却跟没事人一样。关键是小美很淡然，她说："外出学习那几天没工作，你们可以扣我奖金。"她是真心诚意地这么想，而同事则觉得她是一个不懂感恩的人。活儿我们干了，奖金你却没少。大家连一句"谢谢""辛苦了"都没听到。

有人这样评价小美：见过情商低的，但没见过这么低的。

小美自己并不清楚大家为什么这样看她，她认为自己是真实的。

小美有梦想，想离开三四线城市，朋友好意介绍她去国内外其他城市。小美是真心想去的，可她纠结，想先把父母安抚了，再把驾照考试过了再去。可时间不等人，对方觉得她这人特不靠谱。朋友也觉得给她帮忙太耗神。

年轻、貌美、高学历的小美在职场与人际关系上接连受挫。她想不明白：为什么我从没想伤害谁，却搞得亲人和朋友都不愉快。我做错了什么？我只是想达成自己的梦想而已，这过分吗？

★ 为什么握着一手好牌，小美却把它打砸了

首先小美的生涯定位不准确。小美研究生毕业、28岁，这是生涯的发展阶段，而小美在生涯的发展期没有想清楚自己要什么。发展期没有显著业绩就急于转型，让自己处于奔忙中。把与父母、同事的关系都搞得一团糟，于是她少了社会支持系统。

最有力的社会支持系统是原生家庭。在小美想离开三四线城市、执意要考博士这件事上要弄明白几点事情。

第一，要想明白为什么一定要考博士，这件事给自己的生活将带来

怎样的影响。

小美完全可以和父母好好沟通，也可静心听听父母的意见，看看是否能达成共识。与其自己憔悴痛苦，让父母因心疼而妥协，倒不如与家人一起做一个深度的交流。

28岁的年纪，是成家立业还是继续深造，没有标准答案，只有最适合的答案。前提是你得面对它，你得清楚地知道自己现阶段的核心目标是什么。

在开花的时节开花，该结果的时候结果。就像种粮食一样，如果有违农时，将付出代价。

第二，小美需正视职场的各种关系。对领导，要做一个让领导放心的员工；对同事，不可以自我为中心而忽略同事的感受。要及时表达感谢，不能心里明白，一定要用语言表达，最好有行动上的表示。

小美认为她自己是真诚的，别人是应该懂她的。事实上，没有任何人应该懂你，况且你的行为总会让人误会。

小美确实没有害人之心，可她的行为细节会让同事感觉不舒服，比如，没有及时说感谢，或说了感谢，却只有自己听到了，大家反而觉得你没诚意。

第三，小美不是没有行动力，而是没有想清楚就行动了。贸然行动，梦想或将变瞎想。

每个人都有做梦的权利，关键是如何让梦想落地。如果小美能处理好家庭与职场的关系，让家庭和职场成为自己的资源，就会帮助自己离梦想越来越近，而如果做不到，这一切甚至可能成为阻力。父母反对，领导和同事不支持，朋友也持怀疑态度，小美就会势单力薄，在实现梦想的路上走得更艰难。

★ 小美如何逆袭？

小美当然可以反转人生剧本，最终成为自己想成为的人。

（1）改变。父母、领导、同事、朋友们对你持这样的态度，是有原因的。感到委屈也没用，你是一切问题的源头，别人对你的态度是由你决定的。如果你能与父母有效沟通，职场做事脚踏实地，让朋友看到你的改变，这比你在外面上多少大师的课都有用。

（2）战略。想清楚28岁的自己现阶段真正要什么？这是首要问题，给事业、家庭、梦想排一个顺序。想明白自己真正要的，再问自己我有什么，列出顺序……最后一个问题：我凭什么？

如果你的目标是建立家庭，该怎么做？

如果你的目标还是考取博士，又该怎么做？这一路可能遇到什么困难？遇到这些困难你有什么样的措施？

或许在问自己“有什么”“要什么”“凭什么”的过程中，会发现全新的目标，那才是你真正想要的！如果这样，你又有什么战略部署？

（3）战术。想明白了战略问题，战术问题自然就浮出水面。我该选什么？考博？出国？换一个城市？调岗或者辞职？

总之，不要用战术上的勤奋掩盖战略上的懒惰。

正视现实，探索自我，小美的人生仍然有无限可能。

小美需要先从“小我”中走出来，看清自己与世界的关系。她的身后还有家庭、机构、朋友。如果与人的联结这门这个功课不做好，小美即使考上博士也没多大意义，只是文凭更高而已。她遇到的问题还会反复出现。

有时候，不是你被人误解了，而是你误解了人生。

或许你就是自己最好的老师，你只是需要一面镜子。